庭院百合实用技术

赵祥云　王树栋　王文和
张　克　刘朝阳
编著

中国农业出版社

图书在版编目（CIP）数据

庭院百合实用技术/赵祥云等编著. —北京：中国农业出版社，2016.1
ISBN 978-7-109-21049-3

Ⅰ.①庭…　Ⅱ.①赵…　Ⅲ.①百合-花卉-观赏园艺
Ⅳ.①S682.1

中国版本图书馆CIP数据核字（2015）第255891号

中国农业出版社出版
（北京市朝阳区麦子店街18号楼）
（邮政编码 100125）
责任编辑　张　利　石飞华　王　珍

中国农业出版社印刷厂印刷　　新华书店北京发行所发行
2016年3月第1版　　2016年3月北京第1次印刷

开本：700mm×1000mm　1/16　　印张：10.5
字数：198 千字
定价：68.00 元

前言

百合，是一种从古至今都受人喜爱的世界名花。全世界百合属植物有90多种，主要分布在北半球的温带地区。中国有47种，18个变种，分布在全国27个省（自治区、直辖市），其中以川西、滇西北、藏西南种类最多。在中国，百合由野生变成人工栽培已有悠久历史。早在2 000多年前中国人就开始把百合作为药用，明代就有栽培食用百合的传统，并作为贡品进献朝廷。随着时代的进步，欧美园艺专家通过杂交育种途径创造新的品种。近半个世纪以来，选育出一批花色丰富、花形多变、花期较长、具有浓郁香味的百合新品种，受到广大消费者的欢迎，同时也获得了巨大的经济利益。

庭院百合是一类适合地栽或盆栽，能在庭院和园林绿地中应用的百合。其特点是抗逆性强，能自然越冬，花头向上、向下、向侧面，花型奇特、花色丰富、花朵繁茂，花期长，植株高低差异很大，生长健壮，养护管理简单。庭院百合在欧美等发达国家的栽培应用十分普遍，已经成为与切花百合并驾齐驱的栽培类型。在中国，虽然庭院百合的栽培应用才刚刚起步，但发展势头与市场需求都非常强劲，具有良好的发展前景。首先，从现代园林发展的趋势看，植物扮演的角色越来越重要，是任何一种硬质景观所无法替代的。庭院百合利用丰富多彩的百合品种作素材，发挥庭院百合独特的优势，创造美轮美奂的景观效果，对城市园林绿化的作用越来越重要。其次，“回归自然，建设美丽中国，加强生态文明建设”已成为当前全国人民共同的呼声与迫切愿望，建造生态城镇，发展休闲农业，以及开发绿色旅游业，举办各种花展、花艺表演已成为当前社会热点。庭院百合具有“百年好合”“白头偕老”“花好月圆”等文化内涵和美好寓意，以庭院百合为主要构景元素，构成独特的园林景观，能够满足人们

休闲、娱乐、游览、交流、教育和感受自然等方面需求。再者，庭院百合一经栽培，多年观赏，所选用的百合品种具有较强的抗逆性，能够自然越冬，无需特殊保护，栽培技术简单，易掌握。庭院百合管理成本较低，养护过程节能降耗、绿色低碳，符合现代园林发展的要求。庭院百合用途广泛，既可作盆花、花境、花丛、花群、花海栽培，又可用于花展、花艺展示。因此，发展庭院百合生产能够产生良好的经济效益与生态效益。

目前，中国有关百合品种与栽培技术的书籍与资料多集中在百合切花方面，对于庭院百合的介绍基本上处于空白。为了适应庭院百合发展的需要，我们借鉴国内外庭院百合生产与应用方面的经验，根据中国庭院百合发展的现状，编写了《庭院百合实用技术》一书，主要介绍了适合中国各地栽培的庭院百合新品种及育种、种球繁殖技术和栽培管理措施与应用等内容，目的是为中国庭院百合生产者和消费者提供科学依据和参考，同时可作为园林、园艺、农学、林学等专业的辅助教材，供教师和学生参考使用。

本书总结了作者近年来开展庭院百合新品种选育和栽培应用技术研究方面的科研成果，同时参考国内外资料，特别是引用和参考云南玉溪明珠花卉公司和北京西诺公司的文献资料，在此一并表示感谢。由于作者水平有限，本书疏漏与不妥之处在所难免，恳请广大读者指正。

作　者

2016年2月于北京

目录

前言

第一章　百合的基本知识……1

一、形态特征……2

1.鳞茎……2
2.根……3
3.叶……3
4.子鳞茎和珠芽……3
5.花……3
6.蒴果……3

二、生态习性……3

三、品种及其分类……4

1.亚洲百合杂种系……4
2.星状百合杂种系……4
3.白花百合杂种系……4
4.美洲百合杂种系……4
5.麝香百合杂种系……4
6.喇叭百合杂种系……4
7.东方百合杂种系……4
8.其他杂种系……5
9.百合原种系……5

四、用途及其分类 …… 5

1. 食用、药用百合 …… 5
2. 切花百合 …… 5
3. 盆栽百合 …… 6
4. 庭院（景观）百合 …… 6

第二章　庭院百合新品种 …… 7

一、庭院百合的概念 …… 8

二、庭院百合新品种及其分类 …… 8

1. 亚洲百合 …… 8
2. AzT百合 …… 24
3. 东方盆栽百合 …… 31
4. 麝香百合 …… 35
5. LA百合 …… 36
6. 喇叭百合 …… 40
7. OT百合 …… 42
8. TR百合 …… 46
9. 头巾百合 …… 48
10. 欧洲百合 …… 50
11. 原种百合 …… 50

第三章　庭院百合育种技术 …… 53

一、育种进展 …… 54

1. 国外育种进展 …… 54
2. 国内育种进展 …… 54

二、遗传资源 …… 56

1. 我国野生百合资源 …… 56
2. 我国野生百合资源在庭院百合育种中的作用 …… 63

3.国外庭院百合品种资源 …… 65

三、育种目标 …… 66

1.不同用途的百合育种方向 …… 66
2.庭院百合育种目标 …… 66
3.亲本选择 …… 67
4.育种技术 …… 79
5.提高百合育种效率的途径 …… 83
6.加强新品种栽培与管理 …… 84

第四章　庭院百合种球繁育技术 …… 85

一、无病毒种球繁殖技术 …… 86

1.脱毒原理 …… 86
2.庭院百合脱毒籽球繁育方法 …… 88

二、病毒的检测方法 …… 91

1.酶联免疫吸附测定法（ELISA） …… 91
2.DNA芯片技术 …… 92
3.电镜技术 …… 92
4.RT-PCR技术 …… 93
5.指示植物法 …… 93

三、建立无病毒种球原种圃 …… 93

1.建立原种圃的条件 …… 93
2.土壤准备 …… 94
3.种植 …… 94
4.种植后管理 …… 94
5.种球采收 …… 95

四、建立无病毒种球繁殖圃 …… 95

1.鳞片扦插和埋片繁殖方法 …… 95
2.鳞片直接播种法 …… 99

五、种球贮藏与保鲜技术 …… 99
1. 种球的采收技术 …… 99
2. 打破休眠技术 …… 104
3. 低温贮藏技术 …… 105
4. 低温冷冻技术 …… 105

第五章 庭院百合栽培管理 …… 109

一、露地栽培技术 …… 110
1. 种植前准备 …… 110
2. 土壤改良 …… 110
3. 土壤消毒 …… 110
4. 种植规划 …… 110
5. 整地 …… 110
6. 定植 …… 110
7. 灌溉管理 …… 112
8. 施肥管理 …… 112
9. 中耕除草 …… 113
10. 百合防寒越冬 …… 114
11. 轮作倒茬或客土改良 …… 114

二、箱栽技术 …… 114
1. 箱栽基质 …… 114
2. 品种及鳞茎选择 …… 114
3. 种植方法 …… 115
4. 生根处理 …… 115
5. 养护管理 …… 116

三、盆栽技术 …… 116
1. 盆栽基质 …… 116
2. 盆栽方法 …… 116
3. 肥水管理 …… 117
4. 花盆摆放 …… 117

第六章　百合病虫害及防治 …… 119

一、病害 …… 120

1.百合灰霉病 …… 120
2.百合茎腐病 …… 120
3.疫病 …… 120
4.百合病毒病 …… 120

二、生理病害 …… 122

1.日烧病 …… 122
2.落蕾 …… 122
3.畸形花 …… 123

三、虫害 …… 123

1.蚜虫 …… 123
2.蓟马 …… 123
3.刺足根螨 …… 123
4.蛴螬 …… 124

第七章　庭院百合应用与装饰 …… 125

一、专类园 …… 126

1.专类园类型 …… 126
2.专类园设计原则 …… 129
3.庭院百合专类园设计要点 …… 130

二、节日花海 …… 135

1.节日花海设计原则 …… 139
2.节日花海设计要点 …… 140

三、花境 …… 142

1.花境的类型 …… 142

2.花境设计 …… 145

四、花丛与花群 …… 147

五、插花艺术 …… 149

1.花插或瓶花 …… 149
2.花束 …… 149
3.花篮 …… 150
4.婚礼花车 …… 151

六、现代花艺 …… 152

主要参考文献 …… 155

第一章
百合的基本知识

一、形态特征

学名：*Lilium* spp.

别名：百合蒜、强瞿、蒜脑诸

科属：百合科，百合属

形态特征：百合为多年生草本，由地下部和地上部两部分组成。地下部由鳞茎或根状茎鳞茎、子鳞茎、茎生根、基生根(营养根和收缩根)组成。地上部由叶片、茎秆、珠芽(有些百合无珠芽)、花序组成（图1-1)。

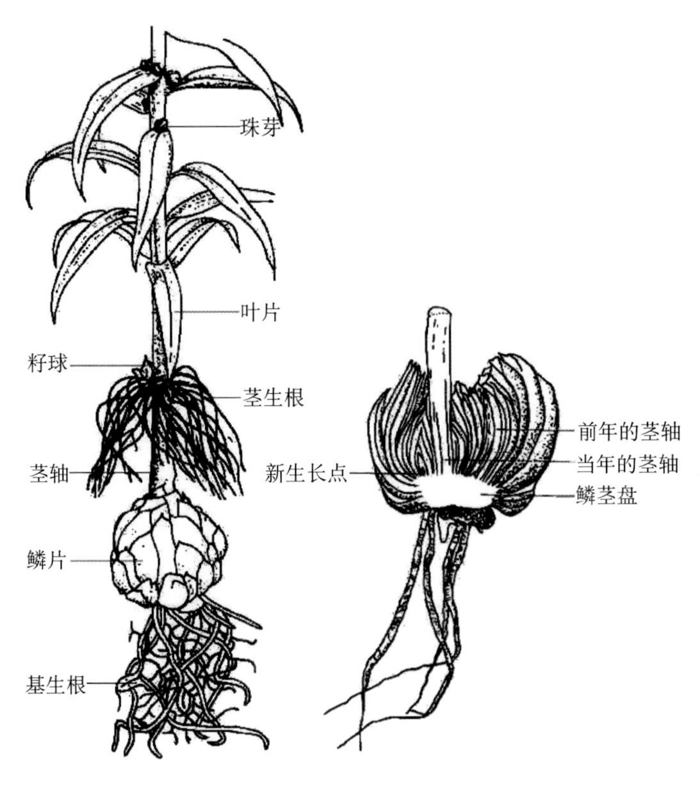

图1-1　百合形态特征

1. 鳞茎

鳞茎由地下鳞茎盘（压缩茎）和其上的鳞状叶组成，形状为球形、扁球形、卵形、长卵形、圆锥形等。土壤质地、栽培技术、鳞茎年龄等影响其形状。无鳞茎皮包被。鳞茎的颜色随种类、品种而异，有白色、黄白色、黄色、紫红色等。鳞状叶即鳞片，多为披针形，无节，少数种鳞片有节。

2. 根

百合类的根由茎生根和基生根组成。茎生根，又称上根，是由埋在土壤中的茎秆所生，分布在土表之下，起支撑整个植株和吸收水分、养分的功能，其寿命为1年。基生根，又称下根，从鳞茎盘上长出，有两种类型，细短有分枝的为营养根，粗长无分枝的为收缩根。收缩根作用在于保持鳞茎处于适宜的深度以便存活，其寿命2年至多年。

3. 叶

多数百合为散生叶型，少数种为轮生叶型。欧洲百合（*L. martagon*）、加拿大百合（*L. canadense*）和青岛百合（*L. tsingtauense*）是典型的轮生叶型，而大多数的亚洲种以及由它而衍生来的杂交种是散生叶型。叶片多披针形、矩圆状披针形、条形或长椭圆形。

4. 子鳞茎和珠芽

绝大多数百合在茎根附近产生子鳞茎（籽球），其数目、大小随品种、栽培条件而异。珠芽是在地上部叶腋处形成，许多种和杂交种，特别是卷丹（*L. lancifolium*）及其杂交品种最易产生珠芽，珠芽呈球形或卵球形，成熟后多呈紫褐色。

5. 花

多数花单生、簇生或呈总状花序，少数近伞形或伞房状排列。花形主要有喇叭形、钟形、碗形和卷瓣形。花被片6枚、2轮、离生，由3枚萼片和3枚花瓣组成，基部有蜜腺和各种形状突起。雄蕊6，花药长椭圆而大。花柱细长，柱头膨大，3浅裂或不裂。花色极为丰富，有白、粉、红、黄、橙、紫、复色等，多数花瓣上有斑点或斑块。

6. 蒴果

百合的蒴果长椭圆形，每个蒴果可产生数百枚种子，3室裂。种子扁平，周围具膜质翅，形状半圆形、三角形、长方形。种子大小、重量、数量因种类而异。

二、生态习性

目前从国外引进的百合品种一般耐寒性较强，而耐热性差，喜冷凉湿润气候，生长适温白天为20 ～ 25℃，夜晚为10 ～ 15℃，5℃以下或28℃以上生长会受到影响。特别是东方百合杂种系和亚洲百合杂种系对温度要求严格，而麝香百合杂种系能适应较高的温度，白天生长适温可达25 ～ 28℃，夜晚适温18 ～ 20℃。

百合喜光照充足，但夏季栽培时要遮光50%～ 70%，冬季在温室进行促成栽培时要补光，长日照处理可以加速生长和增加花朵的数目，其中亚洲百合杂种系对光照不足反应最敏感，其次是麝香百合杂种系和东方百合杂种系。

百合在肥沃、保水和排水性能良好的沙质壤土中生长最好。百合对土壤盐分十分敏感，高盐分会抑制根系对水分和养分的吸收，亚洲和麝香百合杂种系要求土壤总盐分含量不能高于1.5mS/cm，土壤pH6 ~ 7。东方百合杂种系要求土壤总盐分含量不能高于0.9mS/cm，土壤pH5.5 ~ 6.5。

三、品种及其分类

北美百合协会将百合园艺品种划分为9个种系，此分类系统已被世界各国采用。

1. 亚洲百合杂种系（The Asiatic Hybrids）

叶散生，株高40 ~ 100cm，花无香味，多数花朵向上开放，花色丰富，有黄色、橘黄色、白色、粉色、红色、双色、紫色等；花朵直径10 ~ 12.5cm，单株朵数多达6 ~ 12朵；花型有钟型、卷瓣型、碗型等。该系部分品种对尖孢镰刀菌（*Fusarium oxysporum*）、百合斑驳病毒（LMoV）具有抗性。

2. 星状百合杂种系（The Martagon Hybrids）

叶轮生，株高100 ~ 200cm，花朵粉紫色，上有白色到浅黑色的不同斑点，有芳香气味，花朵直径5 ~ 7.5cm，单株朵数多达20 ~ 50朵，花朵下垂，花瓣反卷，外面被长而卷的白毛。

3. 白花百合杂种系（The Candidum Hybrids）

叶散生，株高120 ~ 180cm，花有香味，花型喇叭状，花朵直径10 ~ 12.5cm，花朵下垂，花瓣反卷。

4. 美洲百合杂种系（The American Hybrids）

叶散生，株高120 ~ 210cm，花朵直径10 ~ 12.5cm，花序排列整齐，呈金字塔形，花朵下垂，花瓣反卷。

5. 麝香百合杂种系（The Longiflorum Hybrids）

叶散生，株高50 ~ 110cm，花色洁白，有麝香气味，花朵喇叭状，水平伸展或稍下垂。

6. 喇叭百合杂种系（The Trumpet Hybrids）

叶散生，株高120 ~ 180cm，花朵喇叭状，筒长可达20cm，本类主要品系有奥列连诺斯杂种系（Aurelian Hybrids）和奥林匹亚杂种系（Olympia Hybrids）。

7. 东方百合杂种系（The Oriental Hybrids）

叶散生，株高60 ~ 180cm，花色较丰富，有白色、粉色、黄色、红色、

复色等，花味浓香，花朵直径可达20cm，斜上或横生在植株上，花型有碗型、星型、星状碗型等，花瓣反卷或波浪形，花被片常有彩斑。

8. 其他杂种系（The Miscellaneus Hybrids）

上述系列品种中未能包括的所有杂种，如常见的LA百合杂交系和OT百合杂交系。目前这类品种培育越来越多，大部分庭院百合属于此类。

9. 百合原种系（Lily Species）

包括所有百合原种及其植物分类学上的类型。

四、用途及其分类

1. 食用、药用百合

中国是百合属植物的故乡，药用、食用和观赏百合的栽培历史十分悠久，是栽培百合最早的国家。距今2 000多年的《神农本草经》记载，百合有清肺润燥、滋阴清热的功效，说明最早百合是一种药用植物。两千多年前中国人就开始把百合作为药用，并作为贡品进献朝廷。明李时珍的《本草纲目》对百合的药性作了更详细的记载，指出药用百合有3种，即百合（*L. brownii*）、卷丹（*L. 1ancifolium*）和山丹（*L. pumilum*）。

食用百合全国有三大产区，其中甘肃的兰州百合，明万历三十三年（1605 年）《临洮府志》有记载，距今约400多年栽培历史。其次江西龙牙百合，为江西省宜春市万载名产，距今有500多年的种植和加工历史。最后是江苏宜兴百合，明万历十八年（1590年）《宜兴县志》上有百合记载，距今约400多年栽培历史。

百合鳞茎含有淀粉、蛋白质、钙、磷等营养成分，现代医药科学进一步证明百合有许多医药功效，是药膳食疗的佳品。百合所含秋水仙碱能抑制有丝分裂而起到抗癌作用，提高免疫力。所含百合多糖能恢复和促进胰岛细胞的增生，进而促进增加胰岛素的分泌而降糖。百合有很强的抗细胞氧化作用，能抗哮喘，有改善睡眠、治痛风及止血通便、美容益寿等功效。近些年，越来越多的人喜欢食用百合。目前我国食用百合种植面积已经扩大到约1.67万hm^2，许多国家都从中国进口食用百合，在世界范围内形成巨大的百合市场。

2. 切花百合

以有香味的东方百合和OT百合为主要品种，植株高大，花头朝上，花序紧凑，一致性好，瓶插期长，易包装，耐运输，栽培技术要求高的一种类型。目前常用品种：西伯利亚（Siberia）、索帮（Sorbonne）、曼妮莎（Manissa）、木门（Concad' O）等品种。

中国从20世纪90年代才开始百合切花生产，仅有20多年历史，但发展十分迅速。百合有很深的文化内涵，有百事合意、百事合心之寓意，象征团圆、和谐、幸福纯洁、发达顺利，深受世界各国人民的喜爱，在祭祀、节日和日常生活中多用百合。尤其是白色百合花象征着纯洁无瑕，具有“百年好合”“白头偕老”“花好月圆”等美好寓意，是婚庆活动中不可缺少的重要花材，如新娘捧花、新娘发饰插花以及新婚艺术插花、婚礼花车等均离不开百合切花，因此，百合花是切花中的佼佼者。

3. 盆栽百合

以东方百合、OT百合和亚洲百合中的早花品种为主要品种。生长周期短，株型矮化紧凑，一致性强，容易包装运输，多用于盆栽。中国生产盆栽百合最多有10年历史，作为年宵盆花在花卉市场销售，有较好的前景。

4. 庭院（景观）百合

庭院百合是一类适合地栽或盆栽，能在庭院和园林绿地中应用的百合，宜片植于疏林、草地或布置成花境、花丛等，是新增的城市园林花卉材料。其特点是抗逆性强，能自然越冬，花头向上、向下、向侧面，花型奇特、花色丰富、花朵繁茂，花期长，植株高度差异很大，生长健壮，养护管理简单。再者，庭院百合一经栽培，多年观赏，管理成本较低，养护过程节能降耗、绿色低碳，符合现代节约型园林发展的要求。

庭院百合在欧美等发达国家的栽培应用十分普遍，已经成为与切花百合并驾齐驱的栽培类型。在我国，虽然庭院百合的栽培应用才刚刚起步，但发展势头与市场需求都非常强劲。特别是“回归自然，建设美丽中国，加强生态文明建设”已成为当前全国人民共同的呼声与迫切愿望。建造生态城镇，发展休闲农业，以及开发绿色旅游业，举办各种花展、花艺表演已成为当前社会热点。庭院百合具有“百年好合”“白头偕老”“花好月圆”等文化内涵和美好寓意，以庭院百合为主要构景元素，构成独特的园林景观，能够满足人们休闲、娱乐、游览、交流、教育和感受自然等方面需求。同时发展庭院百合生产，还能拓宽百合产业推广范围，提高百合花卉的附加值。每年开花季节举办庭院百合和其他球根花卉展览，宣传与普及花文化，引来成千上万的观众参观游览，带来丰厚的经济效益和生态效益。

第二章

庭院百合新品种

一、庭院百合的概念

庭院百合（Garden Lily）是指适合地栽或盆栽，能在庭院和园林绿地中应用的百合。以亚洲百合、麝香百合、喇叭百合、LA百合、AzT百合等为主的品种。其特点是抗逆性强，能自然越冬，花头向上、向下、向侧面，花型奇特、花色丰富、花朵繁茂，花期长，植株高低差异很大，生长健壮，养护管理简单等。

二、庭院百合新品种及其分类

1. 亚洲百合‘Asiatic Lelies’

亚洲百合是最常见且最易种植的杂交百合。亚洲百合茎秆强壮，花多成簇，色彩丰富，无香味，适合切花，也适宜在庭院或园林绿地中栽植。包括以下5类：

（1）盆栽亚洲百合‘Pot Asiatic’　植株低矮，适合庭院栽培和露台、温室盆栽。如：

乳黄精灵‘Buff Pixie’　株高30 ~ 40cm。叶披针形，叶色深绿。花头向上，花蕾5 ~ 7个不等，花浅橙黄色，花径12 ~ 15cm（图2-1）。

图2-1　乳黄精灵‘Buff Pixie’

阿布维尔‘Abbeville Pride’ 株高35 ～ 50cm。叶披针形，叶色深绿。花头向上，花蕾4 ～ 8个不等，花橙红色，花径12 ～ 14cm（图2-2）。

图2-2　阿布维尔‘Abbeville Pride’

尔格拉德‘Elgrado’ 株高30 ～ 40cm。叶披针形，叶色亮绿。花头向上，花蕾5个左右，花紫红色，花径12 ～ 14cm（图2-3）。

图2-3　尔格拉德‘Elgrado’

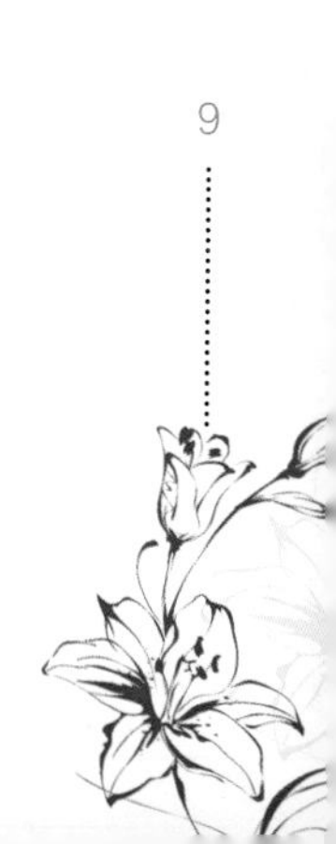

甜蜜上帝'Sweet Lord' 植株较高，株高60 ~ 80cm。叶披针形，叶色亮绿。花头向上，花蕾4 ~ 7个，花浅紫粉色，花径10 ~ 12cm（图2-4）。

图2-4 甜蜜上帝'Sweet Lord'

泰勒'Tailor Made' 株高30 ~ 40cm。叶披针形，叶色亮绿。花头向上，花蕾3 ~ 7个不等，花橙色，花径10 ~ 12cm（图2-5）。

图2-5 泰勒'Tailor Made'

小桃子‘Peach Dwarf’ 株高30～40cm。叶披针形，叶色亮绿。花头向上，花蕾5个左右，花橙白色，花径12～15cm（图2-6）。

图2-6　小桃子‘Peach Dwarf’

象牙精灵‘Ivory Pixie’ 株高30～40cm。叶披针形，叶色亮绿。花头向上，花蕾2～5个，花乳黄色，花径12～15cm（图2-7）。

图2-7　象牙精灵‘Ivory Pixie’

伊努维克'Inuvik' 株高30～40cm。叶披针形，叶色亮绿。花头向上，花蕾6个左右，花纯白色，花径11～13cm（图2-8）。

图2-8 伊努维克'Inuvik'

（2）切花亚洲百合'Cut Asiatic' 切花百合是适合做鲜切花的百合栽培品种，部分品种也可用于园林植物配置。如：

布鲁诺特'Prunotto' 株高70～90cm。叶披针形，叶绿色，有光泽。花头向上，花蕾6个以上，花深红色，花径12～15cm（图2-9）。

图2-9 布鲁诺特'Prunotto'

橙色城市'Orange County' 株高60 ~ 70cm。叶披针形，叶色亮绿。花头向上，花蕾6个左右，花橙色，花径14 ~ 16cm（图2-10）。

图2-10　橙色城市'Orange County'

黄色城市'Yellow County' 株高80 ~ 90cm。叶披针形，叶色深绿。花头向上，花蕾5个左右，花黄色，花较大，花径15 ~ 18cm（图2-11）。

图2-11　黄色城市'Yellow County'

白天使‘Navona’ 株高50～70cm。叶披针形，叶色亮绿。花头向上，花蕾5个以上，花纯白色，花径14～16cm（图2-12）。

图2-12 白天使‘Navona’

亮钻‘Bright Diamond’ 株高70～90cm。叶披针形，叶绿色，有光泽。花头向上，花蕾4～8个不等，花白色，花大，花径16～18cm（图2-13）。

图2-13 亮钻‘Bright Diamond’

国王'Kingdom' 株高70 ~ 90cm。叶披针形，叶色亮绿。花头向上，花蕾2 ~ 5个，花白色，花径13 ~ 15cm（图2-14）。

图2-14　国王'Kingdom'

李维'Levi' 植株较矮，株高50 ~ 60cm。叶披针形，绿色。花头向上，花蕾3 ~ 7个，花粉红色，花径14 ~ 16cm（图2-15）。

图2-15　李维'Levi'

（3）双色亚洲百合‘Meerkleurige Lelies’ 花双色，花苞多，花期长，适合庭院种植和阳台盆栽。如：

紫眸‘Purple Eye’ 株高70 ~ 80cm。叶披针形，叶色亮绿。花头向上，花蕾5 ~ 8个，花双色，基部暗紫色，边缘紫红色，花径14 ~ 16cm(图2-16)。

图2-16 紫眸‘Purple Eye’

爱侣‘Twosome’ 株高80 ~ 90cm。叶披针形，较短，绿色。花头向上，花蕾6个左右，花双色，基部紫褐色，边缘橙色，花径12 ~ 14cm（图2-17）。

图2-17 爱侣‘Twosome’

皮尔顿‘Pieton’ 株高70 ~ 80cm。叶披针形，叶色亮绿。花头向上，花蕾4 ~ 8个，花双色，基部紫色，边缘黄色，花较小，花径8 ~ 10cm（图2-18）。

图2-18　皮尔顿‘Pieton’

天舞‘Easy Dance’ 株高60 ~ 70cm。叶披针形，叶绿色。花头向上，花蕾3 ~ 7个，花双色，基部紫黑色，边缘黄色，花径14 ~ 16cm（图2-19）。

图2-19　天舞‘Easy Dance’

萨尔萨舞‘Easy Salsa’ 株高75～85cm。叶披针形，叶色亮绿。花头向上，花蕾6个左右，花双色，基部紫色，边缘橙色，花径12～14cm（图2-20）。

图2-20　萨尔萨舞‘Easy Salsa’

桑巴舞‘Easy Samba’ 株高55～65cm。叶披针形，叶色亮绿。花头向上，花蕾5～8个，花双色，基部紫色，边缘橙色，花径10～12cm（图2-21）。

图2-21　桑巴舞‘Easy Samba’

帕特丽夏‘Patricia's Pride’ 株高60～70cm。叶披针形，叶色亮绿。花头向上，花蕾6个左右，花双色，基部暗紫色，边缘浅黄色，花径12～14cm（图2-22）。

图2-22　帕特丽夏‘Patricia's Pride’

惠斯勒‘Whistler’ 株高65～75cm。叶披针形，叶色亮绿。花头向上，花蕾5～8个，花双色，基部有暗紫色斑点，边缘淡红色，花径10～12cm(图2-23)。

图2-23　惠斯勒‘Whistler’

（4）重瓣亚洲百合'Double Asiatic' 品种较多，色彩绚丽，花苞多，无花粉，年复一年无需特殊关照，适合庭院栽培。如：

婚纱'Annemarie's Dream' 株高60 ~ 70cm。叶披针形，叶绿色。花头向上，重瓣，花蕾4 ~ 7个不等，花白色，花径10 ~ 12cm（图2-24）。

图2-24 婚纱'Annemarie's Dream'

红双喜'Red Twin' 株高70 ~ 80cm。叶披针形，叶绿色。花头向上，重瓣，花蕾4 ~ 7个不等，花红色，花径12 ~ 15cm（图2-25）。

图2-25 红双喜'Red Twin'

海市蜃楼‘Fata Morgana’ 株高55 ~ 65cm。叶披针形，叶绿色。花头向上，重瓣，花蕾5个左右，花黄色，花瓣基部有橙色斑点，花径10 ~ 12cm（图2-26）。

图2-26　海市蜃楼‘Fata Morgana’

清晰‘Must-See’ 株高60 ~ 70cm。叶披针形，叶绿色。花头向上，重瓣，花蕾6个左右，花橙色，花瓣基部有紫黑色斑点，花径12 ~ 14cm（图2-27）。

图2-27　清晰‘Must-See’

（5）单瓣无花粉亚洲百合‘Stuifmeel Vrije Collectie’ 近年来育出高品质无花粉的品种，这些百合不会引起花粉过敏和污染。如：

黄小鸟‘Yellow Cocotte’ 株高60～70cm。叶披针形，叶色亮绿。花头向上，花蕾4～8个不等，花黄色，花径10～12cm（图2-28）。

图2-28 黄小鸟‘Yellow Cocotte’

简单人生‘Easy Life’ 株高70～80cm。叶披针形，叶绿色。花头向上，花蕾5～9个不等，花浅橙色，花瓣基部有暗紫色斑点，花径10～12cm（图2-29）。

图2-29 简单人生‘Easy Life’

华尔兹‘Easy Waltz’ 株高60 ~ 70cm。叶披针形，叶色亮绿。花头向上，花蕾6个左右，花粉白色，花径12 ~ 15cm（图2-30）。

图2-30　华尔兹‘Easy Waltz’

轻吻‘Little Kiss’ 株高70 ~ 80cm。叶披针形，叶色亮绿。花头向上，花蕾6 ~ 10个不等，花粉红色，花径8 ~ 10cm（图2-31）。

图2-31　轻吻‘Little Kiss’

2. AzT百合

AzT百合是亚洲百合与喇叭百合杂交产生的新品种，也称超级亚百。包括：

（1）老虎百合‘Tiger Lelies’ 老虎百合是价值极高的一类，花蕾多，花头向下，花期长，生长强健持久，容易培养，颜色鲜艳，花被多具斑点，适合庭院栽培。如：

金丝雀‘Chocolate Canary’ 株高70～100cm。叶披针形，叶绿色，有光泽。花头朝下，花蕾较多，8个以上，花粉白色，花径8～10cm（图2-32）。

图2-32 金丝雀‘Chocolate Canary’

红色滋味‘Red Flavour’ 株高90～120cm。叶披针形，叶深绿色。花头朝下，花蕾10个左右，花深红色，花径12～14cm（图2-33）。

图2-33 红色滋味‘Red Flavour’

幼虎‘Tiger Babies’ 株高60 ~ 80cm。叶披针形，叶色深绿。花头朝下，花蕾6 ~ 10个不等，花橙黄色，花瓣有暗紫色斑点，花径10 ~ 12cm（图2-34）。

图2-34　幼虎‘Tiger Babies’

雷特里尼‘Leichtlinii’ 植株高大，株高120 ~ 150cm。叶披针形，叶色亮绿。花头朝下，花蕾较多，花蕾15个以上，花黄色，基部有紫色斑点，花径12 ~ 15cm（图2-35）。

图2-35　雷特里尼‘Leichtlinii’

粉色滋味‘Pink Flavour’ 株高60 ~ 90cm。叶披针形，叶色亮绿。花头朝下，花蕾较多，花蕾10个左右，花粉红色，花径14 ~ 16cm（图2-36）。

图2-36　粉色滋味‘Pink Flavour’

红色人生‘ Red Life’ 株高70 ~ 100cm。叶披针形，叶色亮绿。花头朝下，花蕾较多，花蕾8个以上，花红色，花瓣上有黑色斑点，花径10 ~ 12cm（图2-37）。

图2-37　红色人生‘Red Life’

斯巴顿斯‘Tig. Splendens’ 株高70 ~ 100cm。叶披针形，叶色亮绿，叶腋处有黑色株芽。花头朝下，花蕾8个左右，花橙色，有紫褐色斑点，花径14 ~ 16cm（图2-38）。

图2-38　斯巴顿斯‘Tig.Splendens’

酒香‘Wine Flavour’ 株高60 ~ 80cm。叶披针形，叶色亮绿。花平伸，花蕾8个左右，花深红色，基部有少量深紫色斑点，花径12 ~ 15cm(图2-39)。

图2-39　酒香‘Wine Flavour’

虹鳟‘Salmon Flavour’ 株高60～70cm。叶披针形，叶色深绿。花头朝下，花蕾较多，花蕾10个以上，花粉红色，基部有少量暗紫色斑点，花径12～14cm（图2-40）。

图2-40　虹鳟‘Salmon Flavour’

（2）珍珠百合‘Pearl Lelies’　花朵下垂，茎秆高且粗壮，花期长可维持4周，适合庭院栽培。如：

卡罗来纳‘Pearl Carolina’ 株高90～120cm。叶披针形，叶色深绿。花头朝下或平伸，花被片稍向外卷曲，花蕾8个左右，花橙色，较大，花径16～18cm（图2-41）。

图2-41　卡罗来纳‘Pearl Carolina’

斯泰西‘Pearl Stacey’　株高60 ～ 80cm。叶披针形，叶色深绿，有光泽。花头朝下或平伸，花被片1/2左右向外反曲，花蕾8个左右，花橙色，部分花有少数斑点，花较大，花径14 ～ 16cm（图2-42）。

图2-42　斯泰西‘Pearl Stacey’

杰里夫‘Pearl Jennifer’　株高80 ～ 110cm。叶披针形，叶绿色。花头朝下或平伸，花被片1/3左右向外反曲，花蕾8 ～ 12个不等，花黄色，基部有少量暗紫色斑点，花径12 ～ 15cm（图2-43）。

图2-43　杰里夫‘Pearl Jennifer’

杰斯顿‘Pearl Justien’ 株高90 ~ 120cm。叶披针形，叶色深绿。花头朝下，花被片相对较小，1/3左右向外反曲，花蕾6 ~ 10个不等，花橙黄色，花径10 ~ 12cm（图2-44）。

图2-44 杰斯顿‘Pearl Justien’

格兰‘Pearl Loraine’ 植株较矮，株高40 ~ 60cm。叶披针形，叶色深绿。花头朝下，花被片稍卷，花蕾5 ~ 10个不等，花粉红，基部有少量黑色斑点，花径10 ~ 12cm（图2-45）。

图2-45 格兰‘Pearl Loraine’

梅兰妮‘Pearl Melanie’ 株高80 ～ 100cm。叶披针形，叶绿色，有光泽。花头朝下，花蕾8个以上，花黄色，花径14 ～ 16cm（图2-46）。

图2-46 梅兰妮‘Pearl Melanie’

3. 东方盆栽百合‘Pot Oriental’

东方盆栽百合花大色艳、有香味，种植在花盆中，北方适合在温室、阳台展示，南方可以庭院绿地种植。如：

娇傲新娘‘Proud Bride’ 植株较矮，株高20 ～ 30cm，叶矩圆状倒披针形，叶尖向下弯曲，亮绿色。花头平伸，花蕾8个左右，花白色，花径12 ～ 14cm（图2-47）。

图2-47 娇傲新娘‘Proud Bride’

白葡萄酒‘Muscadet’ 植株较矮，株高30 ~ 40cm，叶矩圆状倒披针形，深绿色。花头平伸，花蕾6个左右，花白色，基部有紫色斑点，花径9 ~ 11cm（图2-48）。

图2-48　白葡萄酒‘Muscadet’

玫瑰酒窝‘Rosy Dimple’ 植株较矮，株高20 ~ 30cm，叶矩圆状倒披针形，绿色。花头平伸，花蕾4 ~ 8个不等，花粉白色，基部有少量粉红色斑点，花径10 ~ 12cm（图2-49）。

图2-49　玫瑰酒窝‘Rosy Dimple’

鲑鱼舞会‘Salmon Party’ 植株较矮，株高30 ~ 40cm，叶椭圆形，叶尖向下弯曲，亮绿色。花头平伸，花蕾3 ~ 6个不等，花白色，基部有少量粉红色斑点，花径14 ~ 16cm（图2-50）。

图2-50　鲑鱼舞会‘Salmon Party’

蒙娜丽莎‘Mona Lisa’ 株高40 ~ 60cm，叶椭圆形，叶尖向下弯曲，深绿色。花头平伸或朝下，花蕾5 ~ 8个不等，花粉白色，基部有粉红色斑点，花径14 ~ 16cm（图2-51）。

图2-51　蒙娜丽莎‘Mona Lisa’

小约翰‘Little John’ 植株较矮，株高20 ~ 30cm，叶椭圆形，叶尖向下弯曲，深绿色。花头朝上，花蕾3 ~ 6个不等，花粉白色，基部有粉红色斑点，花径12 ~ 14cm（图2-52）。

图2-52 小约翰‘Little John’

游园会‘Garden Party’ 株高40 ~ 50cm，叶矩圆状倒披针形，绿色。花头朝下，花蕾6 ~ 10个不等，花白色，花径14 ~ 16cm（图2-53）。

图2-53 游园会‘Garden Party’

4. 麝香百合‘Longiflorum Hybirds’

麝香百合花型较大，色泽以纯白为主，香气浓郁，是优秀的切花品种，南方可以庭院绿地种植。用种子繁殖，当年播种当年开花。如：

白色礼物‘White Present’ 株高40～60cm，叶披针形，向上生长，绿色。花喇叭状，花头平伸，单个花蕾，花白色，较大且长，花径14～16cm（图2-54）。

图2-54　白色礼物‘White Present’

新铁炮‘New Teppou’（图2-55）、明亮塔‘Bright’、粉天堂‘Pink Heaven’、凯旋‘Triumphator’、白天堂‘White Heaven’、迷素雅‘Mitsuyo’、大本钟‘Big Tower’（图2-56引自荷兰国际球根花卉中心《Lily picture book》）。

图2-55　新铁炮‘New Teppou’

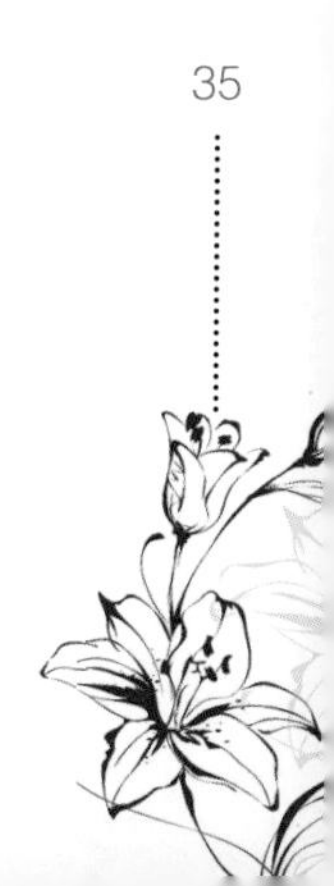

'Bright Tower'
明亮塔

'Pink Heaven'
粉天堂

'Triumphator'
凯旋

'White Heaven'
白天堂

'Mitsuyo'
迷素雅

'Big Tower'
大本钟

图2-56　几种常见的麝香品种

5. LA百合

LA百合是麝香百合与亚洲百合杂交产生的品种，其特点是花朵直径比亚洲百合大，花蕾多，花为短喇叭筒型，色彩丰富，花期长，株高介于麝香百合与亚洲百合之间，茎秆粗壮，抗大风天气，耐热性和耐寒性强，适合庭院绿地栽培。如：

CM'cm'　茎秆挺拔，株高90～110cm，叶披针形，向上伸展，深绿色。花头向上，花蕾10个以上，花粉红色，有大量暗红色斑点，花径14～16cm（图2-57）。

图2-57　CM‘cm’

金石‘Golden Stone’ 茎秆挺拔，株高90 ~ 110cm，叶披针形，叶尖向下弯曲，深绿色。花头向上，花蕾8个以上，花金黄色，基部有紫褐色斑点，花径15 ~ 18cm（图2-58）。

图2-58　金石‘Golden Stone’

荸荠'Birgi' 茎秆挺拔，株高100 ~ 120cm，叶披针形，深绿色。花头向上，花蕾5 ~ 6个，花深粉色，花径15 ~ 18cm（图2-59）。

图2-59 荸荠'Birgi'

阿尔格夫'Algarve' 植株紧凑，株高70 ~ 90cm，叶披针形，绿色。花头向上，花蕾5个以上，花淡粉色，花径12 ~ 14cm（图2-60）。

图2-60 阿尔格夫'Algarve'

提马鲁‘Timaru’ 植株健壮，株高70 ~ 90cm，叶披针形，深绿色。花头向上，花蕾5个以上，花白色，花径12 ~ 14cm（图2-61）。

图2-61　提马鲁‘Timaru’

芬雅‘Freya’ 植株健壮，株高100 ~ 120cm，叶披针形，深绿色。花头向上，花蕾6个以上，花黄色，花径15 ~ 18cm（图2-62）。

图2-62　芬雅‘Freya’

摩热勒特'Merelet' 株高80～100cm，叶披针形，深绿色。花头向上，花蕾5个以上，花粉色，花径12～14cm（图2-63）。

图2-63 摩热勒特'Merelet'

6. 喇叭百合'Trompet Lilies'

由王百合、湖北百合、通江百合等原产中国的百合与欧洲百合杂交选育的，植株强壮，花多、喇叭形和星形、平伸和下垂。

完美'Pink Perfection' 株高70～90cm，叶线形，向上弯曲，深绿色。花喇叭状，花头平伸，花蕾2～5个不等，花白色，基部泛黄，花较长，花径12～14cm（图2-64）。

图2-64 完美'Pink Perfection'

非洲皇后‘African Queen’ 株高90 ~ 110cm，叶披针形，向下弯曲，绿色。花喇叭状，花头平伸或下垂，花蕾2 ~ 4个不等，花紫白色，基部泛黄，花较长，花径12 ~ 14cm（图2-65）。

图2-65　非洲皇后‘African Queen’

金色光辉‘Golden Splendor’ 株高90 ~ 110cm，叶披针形，向下弯曲，深绿色。花喇叭状，花头平伸，花蕾多为3个，花黄色，花较长，花径14 ~ 16cm（图2-66）。

图2-66　金色光辉‘Golden Splendor’

纪念册‘Regale Album’ 植株相对较矮，株高50 ~ 70cm，叶线形，向下弯曲，深绿色。花喇叭状，花头平伸，花蕾2 ~ 4个不等，花白色，花较长，花径10 ~ 12cm（图2-67）。

图2-67 纪念册‘Regale Album’

7. OT百合

OT百合是东方百合与花朵向上的喇叭百合Upfacing Trumpets Lilies杂交选育的品种。其特点是花朵为短喇叭筒型，花色有黄色、红色、复色，有香味，株高120 ~ 240cm，花朵直径15 ~ 25cm，耐热性和抗病性强，部分品种不耐寒。如：

黛比‘Debby’ 株高50 ~ 60cm，叶矩圆状披针形，叶缘向内弯曲，深绿色。花头平伸或朝上，单个花蕾，花复色，基部紫红色，边缘橙黄色，花较大，花径16 ~ 18cm（图2-68）。

图2-68 黛比‘Debby’

乌兰迪‘Urandi’ 株高65 ~ 75cm，叶矩圆状披针形，叶尖向下弯曲，深绿色。花头平伸或朝上，2 ~ 4个花蕾，花白色，基部泛黄，花较大，花径17 ~ 19cm（图2-69）。

图2-69　乌兰迪‘Urandi’

俏皮‘Elusive’ 株高50 ~ 60cm，叶矩圆状披针形，叶缘向内弯曲，深绿色。花头朝下，2 ~ 4个花蕾，花浅粉色，花较大，花径15 ~ 17cm（图2-70）。

图2-70　俏皮‘Elusive’

木吉他‘Leslie Wood Riff’ 株高65 ~ 80cm，叶矩圆状披针形，叶缘向内弯曲，深绿色，有光泽。花头朝下，1 ~ 3个花蕾，花复色，基部紫色，边缘白色，花较大，花径18 ~ 20cm（图2-71）。

图2-71　木吉他‘Leslie Wood Riff’

北京月亮‘Beijing Moon’ 株高50 ~ 60cm，叶矩圆状披针形，叶缘向内弯曲，深绿色。花喇叭状，花头朝下，单个花蕾，花复色，基部紫色，边缘白色，花较长，花径14 ~ 16cm（图2-72）。

图2-72　北京月亮‘Beijing Moon’

红色晨曦‘Red Morning’ 株高50 ～ 60cm，叶矩圆状披针形，叶尖向下弯曲，深绿色，有光泽。花头平伸或朝下，1 ～ 2个花蕾，花复色，基部紫红色，边缘橙黄色，花径14 ～ 16cm（图2-73）。

图2-73　红色晨曦‘Red Morning’

黎明‘Late Morning’ 株高60 ～ 70cm，叶矩圆状披针形，叶缘向内弯曲，深绿色。花头朝下，2 ～ 4个花蕾，花浅黄色，花径14 ～ 16cm（图2-74）。

图2-74　黎明‘Late Morning’

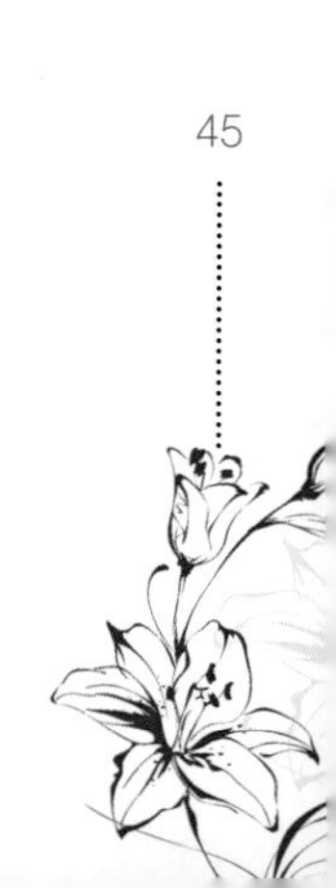

科妮莉亚‘Fraulein Cornelia’ 株高50～60cm，叶矩圆状披针形，深绿色。花头朝下，单个花蕾，花复色，基部紫红色，边缘橙黄色，花较大，花径14～16cm（图2-75）。

图2-75 科妮莉亚‘Fraulein Cornelia’

8. TR百合

TR百合是喇叭百合与东方百合的杂交种，植株生长强壮，株高多在1.5～2.5m，花大，花头向下，色彩鲜明，适合庭院栽培。如：

黄星‘Yellow Planet’ 株高60～70cm，叶线形，深绿色。花喇叭状，花头朝下，2～4个花蕾，花黄色，花较长且大，花径16～18cm（图2-76）。

图2-76 黄星‘Yellow Planet’

橙星‘Orange Planet’ 株高80 ~ 90cm，叶椭圆状披针形，叶尖向下弯曲，深绿色，有光泽。花喇叭状，花头向上，单个花蕾，花白色，基部泛黄，花较长且大，花径16 ~ 18cm（图2-77）。

图2-77　橙星‘Orange Planet’

白星‘White Planet’ 株高50 ~ 60cm，叶椭圆状披针形，叶缘向内弯曲，深绿色。花喇叭状，花头朝下，2 ~ 3个花蕾，花复色，基部紫色，边缘白色，花较长且大，花径18 ~ 20cm（图2-78）。

图2-78　白星‘White Planet’

9. 头巾百合‘Trompet Lilies’

头巾百合由瑞士、土耳其、俄罗斯、北美洲、中国等野生百合杂交产生，多年生，植株高大、强壮，茎秆最高，花越来越多，花瓣翻卷，土耳其帽花型花朵，朝下开放。如：

爱丽丝‘Lady Alice’ 株高80 ~ 100cm，叶椭圆状披针形，亮绿色。花瓣向外翻卷，有突刺，花头朝下，6 ~ 10个花蕾，复色，花瓣基部橘黄色，边缘纯白色，花径8 ~ 10cm（图2-79）。

图2-79　爱丽丝‘Lady Alice’

粉红女郎‘Spaec. Uchida’ 株高70 ~ 90cm，叶椭圆状披针形，叶缘向内弯曲，绿色。花瓣向外翻卷，有暗红色突刺，花头朝下，2 ~ 4个花蕾，花粉红色，花径12 ~ 14cm（图2-80）。

图2-80　粉红女郎‘Spaec. Uchida’

黑美人‘Black Beauty’ 株高40 ~ 60cm，叶椭圆形，叶尖向下弯曲，亮绿色。花瓣向外翻卷，有紫红色突刺，花头朝下，4 ~ 8个花蕾，花粉红色，花径12 ~ 140cm（图2-81）。

图2-81 黑美人‘Black Beauty’

费娅小姐‘Miss Feya’ 株高60 ~ 80cm，叶椭圆形，深绿色，有光泽。花瓣向外翻卷，有紫红色突刺，花头朝下，3 ~ 5个花蕾，花深红色，花径16 ~ 18cm（图2-82）。

图2-82 费娅小姐‘Miss Feya’

10. 欧洲百合‘Martagon Hybrids Lilies’

欧洲百合特征是叶轮生，花头朝下，花瓣向外翻卷，花径3 ~ 5cm。

变色龙‘Chameleon’ 株高50 ~ 70cm，叶椭圆状披针形，绿色。花瓣向外翻卷，花头朝下，花蕾8个以上，花粉红色，花较小，花径3 ~ 5cm（图2-83）。

图2-83　变色龙‘Chameleon’

11. 原种百合‘Specie’

原种百合是自然界保存下来的野生百合。如：

山丹‘*Lilium pumilum*’ 植株高大，株高120 ~ 150cm，叶线形，绿色。花瓣向外翻卷，花头朝下，花蕾15个以上，花鲜红色，花较小，花径8 ~ 10cm（图2-84）。

图2-84　山丹‘*Lilium pumilum*’

加拿大百合‘*L. canadense*’ 株高60～80cm，叶线形，绿色。花瓣向外翻卷，花头朝下，4～6个花蕾，花瓣上布满暗红色斑点，花较小，花径6～8cm（图2-85）。

图2-85　加拿大‘*L. Canadense*’

王百合‘*L. regale*’ 株高70～90cm，叶线形，向上弯曲，深绿色。花喇叭状，花头平伸，花蕾2～5个不等，花白色，基部泛黄，花较长，花径12～14cm（图2-86）。

图2-86　王百合‘*L. Regale*’

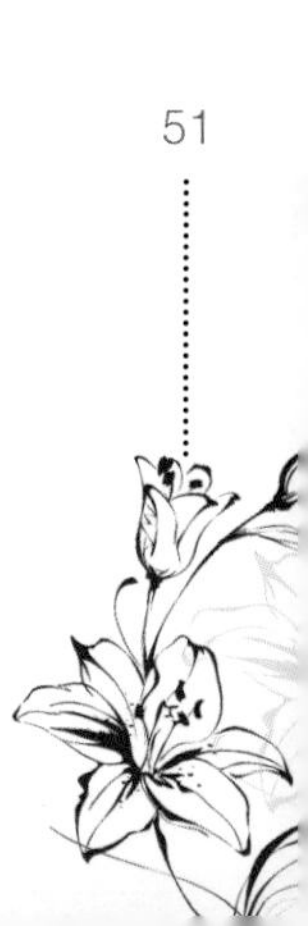

湖北百合‘*L. henryi*’ 株高80 ～ 100cm，叶披针形，叶缘向内弯曲，亮绿色。花瓣向外翻卷，有褐色突刺，花头朝下，3 ～ 5个花蕾，花橙色，花径8 ～ 10cm（图2-87）。

图2-87　湖北百合‘*L. Henryi*’

第三章
庭院百合育种技术

一、育种进展

1. 国外育种进展

第二次世界大战以后，欧美各国相继掀起了百合育种的新高潮，以荷兰和美国为中心，培育大约8 000个百合新品种，主要有东方百合杂种系、亚洲百合杂种系、麝香百合杂种系、喇叭百合杂种系等。近些年来百合育种进展很快，荷兰育种专家等又培育出以麝香百合杂种系与亚洲百合杂种系为亲本的LA杂交百合，以东方百合杂种系和亚洲百合杂种系为亲本的OA杂交百合，以东方百合杂种系和喇叭百合杂种系为亲本的OT杂交百合，以东方百合杂种系和铁炮百合杂种系为亲本的LO杂交百合，以亚洲百合杂种系和喇叭百合杂种系为亲本的AzT杂交百合。目前荷兰切花百合育种公司主要有6家，分别是Gebr. Vletter & Den Haan公司、Mak Breeding公司、Mark lily公司、Royal Van Zanten公司、World Breeding公司、De Jong Lilies公司。每年百合育种公司能培育出80 ~ 100个新品种，并申请专利保护，这些新品种具有引人注目的花色、花形、香气等观赏性状，同时还具备耐插性、抗病性和高产性等商业性状。大部分都是切花百合品种，在花卉市场上具有极好的商品价值。

育种是紧密围绕市场需求和为生产服务的。从20世纪80年代开始，许多国家把盆栽百合列为主攻方向。至今，已掀起了新的热潮。日本、荷兰、以色列、美国等国在盆栽百合的育种上推出了不少新品种，尤其是以色列雷维文苗圃选出的‘雪皇后’(Snow Queen) 品种最受关注。同时日本、美国、荷兰等国在盆栽百合的周年生产上取得了成功。

庭院百合是在切花百合和盆栽百合的基础上近年来推广出来的新品种。在国外主要由荷兰百合商号有限公司 (Lily Company) 和荷兰德容百合公司 (De Jong) 进行庭院百合和盆栽及欧洲百合 (martagon) 的选育、种植和出口，现已推出600多个品种。

2. 国内育种进展

我国的百合育种研究与国际相比还存在很大差距。20世纪80年代上海市园林科学研究所曾用王百合(*L. regale*)与玫红百合(*L. amoenum*)进行种间杂交，培育出花色为浅玫瑰红色、具有鲜红斑点的杂交种；王百合与兰州百合(*L. davidii* var. *unicolor*)种间杂交，培育出生长旺盛，花色为橙红色的杂交种；麝香百合(*L. longiflorum*)与兰州百合种间杂交，培育出花色淡橙，适应性强的杂交种(*L.* × *longidavii*)等。后因工作中断，百合育种研究停顿下来。90年代东北林业大学的杨利平等在抗性育种方面取得了一定成果。21世纪以来百合育种成果显著，自主知识产权的切花百合新品种陆续出现，实现了我国自育百合品种在国际百合新品种登录零的突破。在切花百合育种上取得优异成果的，如云南省农业科学院花卉研究所，已获得百合新种质和中间材料98份，选育出200多个新品种，成功筛选出8个优良新品种进行知识产权申报；浙江永康江南百合育种公司选育出‘喜来临’‘团圆’‘龙袍’‘甜蜜’‘皇家’‘彩妆’6个百合新品种，在英国皇家园艺学会（RHS）登录；湖南株洲农业科学研究所选育了‘贵阳红’‘株洲红’‘罗娜’‘喜羊羊’等百合新品种，中国科学院昆明植物研究所、中国农业科学院蔬菜花卉研究所和中国林业大学等也育有新品种。

在盆栽百合和庭院百合（景观）育种方面，近几年也有突破，如北京农学院选育的23个盆栽和庭院百合品种，在英国皇家园艺学会登录，其中‘云景红’（Yunjing Red）和‘云丹宝贝’（Baby Yundan）通过新品种审定。上述2个品种植株矮化，花朵繁茂，色彩艳丽，抗逆性强，具有良好的观赏性，繁殖系数高，遗传稳定性好，适于园林绿化，具有较高的商品价值和市场前景。辽宁省农业科学院园艺分院选育出了‘无粉白’和‘荣轩’，南京林业大学培育的‘初夏’和‘雨荷’，广东仲恺农学院培育麝香百合品种，四川农业厅国家花卉工程（百合）技术研究中心和辽宁凌源培育亚洲百合新品种等，填补作为景观绿化露地栽培的新品种的空白（图3-1至图3-4）。

图3-1　云景红‘Yunjing Red’

图3-2　云丹宝贝‘Baby Yundan’

图3-3　无粉白

图3-4　荣　轩

二、遗传资源

1. 我国野生百合资源

（1）野生百合种类及其分布　中国是百合属植物的故乡，全世界百合属植物有90多种，其中起源于中国的就有 47 个种和 18 个变种，占世界百合属植物的一半以上，有37个种15个变种为中国特有种，10个种3个变种为中国与日本、朝鲜、缅甸、印度、俄罗斯和蒙古等邻近国的共有种。百合在中国27个省、自治区、直辖市都有分布，但不同省份分布状况有所不同，以四川省西部、云南省西北部和西藏东南部分布种类最多，约36个种；其次是陕西省南部，甘肃省南部、湖北省西部和河南省西部，约有13个种；再其次是吉林、辽宁、黑龙江南部地区约有8个种；除海南省没有野生百合分布和中国西部寒冷干旱的青海和新疆仅有2个种和1个变种外，其他省份均有3 ～ 5个种的分布。表3-1为中国百合属种类。

表3-1　中国百合属种类

序　号	类　型	拉丁名	中文名
1	百合组 Sect. Lilium	*Lilium brownii*	野百合
(1)		*L. brownii* var. *viridulum*	百合
2		*L. regale*	王百合
3		*L. formosanum*	台湾百合
4		*L. longiflorum*	麝香百合
5		*L. leucanthum*	宜昌百合
(2)		*L. leucanthum* var. *centifolium*	紫脊百合
6		*L. sulphureum*	淡黄花百合
7		*L. sargentiae*	通江百合
8		*L. anhuiense*	安徽百合
9		*L. omeiense*	峨眉百合
10		*L. puerense*	普洱百合
11	钟花组 Sect. Lophophorum	*Lilium lophophorum*	尖被百合
(3)		*L. lophophorum* var. *linearifolium*	线叶百合

（续）

序　号	类　型	拉丁名	中文名
12		*L. nanum*	小百合
(4)		*L. nanum* var. *flavidum*	黄花小百合
(5)		*L. nanum* var. *brevistylum*	短花柱小百合
13		*L. concolor*	渥丹
(6)		*L. concolor* var. *pulchellum*	有斑百合
(7)		*L. concolor* var. *coridion*	黄花渥丹
14		*L. dahuricum*	毛百合
15		*L. souliei*	紫花百合
16		*L. henricii*	墨江百合
17		*L. bakerianum*	滇百合
(8)		*L. bakerianum* var. *aureum*	金黄花滇百合
(9)		*L. bakerianum* var. *delavayi*	黄绿花滇百合
(10)		*L. bakerianum* var. *rubrum*	紫红花滇百合
(11)		*L. bakerianum* var. *yunnanense*	无斑滇百合
18		*L. semperivoideum*	蒜头百合
19		*L. amoemum**	玫红百合
20		*L. medogense*	墨脱百合
21		*L. huidongense*	会东百合
22	卷瓣组 Sect. Sinomartagon	*Lilium nepalense*	紫斑百合
(12)		*L. nepalanse* var. *burmanicum*	窄叶百合
(13)		*L. nepalense* var. *ochraceum*	披针叶百合
23		*L. wardii*	卓巴百合
24		*L. stewartianum*	单花百合
25		*L. taliense*	大理百合
26		*L. henryi*	湖北百合
(14)		*L. henryi* var. *citrinum*	淡黄色湖北百合

（续）

序　号	类　型	拉丁名	中文名
27		*L. rosthornii*	南川百合
28		*L. duchartrei*	宝兴百合
29		*L. pumilum*	山丹
30		*L. papliferum*	乳头百合
31		*L. davidii*	川百合
32		*L. cernum*	垂花百合
33		*L. callosum*	条叶百合
34		*L. fargesii*	绿花百合
35		*L. xanthellum*	乡城百合
(15)		*L. xanthellum* var. *luteum*	黄花乡城百合
36		*L. lancifolium*	卷丹
37		*L. apertum*	开瓣百合
38		*L. saluenense*	碟花百合
39		*L. ningnanense*	宁南百合
40		*L. pinifolium*	松叶百合
41		*L. lijiangense*	丽江百合
42		*L. jinfushanense*	金佛山百合
43		*L. habaense*	哈巴百合
44		*L. matangense*	马唐百合
(16)		*L. speciosum* var. *gloriosoides*	药百合
(17)		*L. leichtlinii* var. *maximowiczii*	大花卷丹
45	轮叶组Sect. Martagon	*Lilium tsingtauense*	青岛百合
46		*L. distichum*	东北百合
47		*L. pardoxum*	藏百合
(18)		*L. martagon* var. *pilosiusculum*	新疆百合

Lilium brownii

Lilium brownii var. *viridulum*

Lilium regale

Lilium leucanthum

Lilium leucanthum var. *centifolium*

Lilium sulphureum

Lilium sargentiae

Lilium anhuiense

图3-5　中国野生百合

Lilium omeiense
Lilium lophophorum
Lilium concolor
Lilium concolor var. *pulchellum*
Lilium souliei
Lilium henrici
Lilium bakerianum var. *delavayi*
Lilium taliense

图3-6　中国野生百合

Lilium henryi

Lilium rosthornii

Lilium pumilum

Lilium davidii

Lilium davidii var. *unicolor*

Lilium lancifolium

Lilium speciosum var. *glorisoides*

Lilium distichum

图3-7　中国野生百合

A.西藏　B.云南　C.四川　D.贵州　E.广西　F.湖南　G.江西
H.福建　I.台湾　J.浙江　K.江苏　L.安徽　M.河南　N.湖北
O.陕西　P.宁夏　Q.甘肃　R.青海　S.新疆　T.内蒙古　U.山西
V.河北　W.山东　X.辽宁　Y.吉林　Z.黑龙江

图3-8　我国野生百合分布（20世纪80年代北京农学院百合课题组调查）

（2）中国野生百合的生境　目前，中国大部分百合原种仍处在野生状态，多生长在人烟稀少、交通不便的山区。自然分布区跨越亚热带、暖温带、温带和寒温带等气候带，垂直分布多在海拔100 ～ 4 300m阴坡和半阴半阳的山坡、林缘、林下、岩石缝及草甸中，加上土壤和其他因素的差异，使野生百合形成5种生境。

①中国西南高海拔山区百合生境　该区主要包括西藏东南部喜马拉雅山区和云南、四川横断山脉地区。该分布范围内1月平均气温为2 ～ 8℃，7月平均气温为12 ～ 18℃，年降水量1 000mm左右，周年气候温暖、湿润、光照条件适中，土壤微酸性，加之地形复杂，从而形成百合种间花期隔离，为百合的分化、种的多样性提供了良好条件，因此形成亚洲百合野生种最主要的集中分布区，以玫红百合、大理百合、尖被百合、乳头百合、单花百合等为代表种，约有36种野生百合生长在这里。这些百合对低温、阴湿和短日照环境有一定适应性。但王百合和通江百合例外，它们适应性较强，耐热性好。

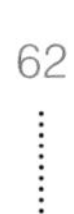

②中国中部高海拔山区百合生境　该区包括陕西秦岭、巴山山区，甘肃岷山，湖北神农架和河南伏牛山区，区内海拔高度为1 000 ～ 2 500m。该分

布范围内1月平均温度为－3 ～ 3℃，7月平均温度为24 ～ 27℃，年降水量600 ～ 1 000mm，夏天较热，冬天较冷，属于亚热带向暖温带、湿润向半湿润过渡的气候型，土壤微酸性或中性。由于该地区是中国南北气候和植物区的分界线，也是中国温带和亚热带植物交汇集中分布区，因此该区分布着13种百合，如宜昌百合、川百合、宝兴百合、绿花百合、野百合等。这些百合喜欢在空气湿度大、土壤排水良好、凉爽和半阴的环境下生长。

③中国东北部山区百合生境　该区主要包括辽宁、吉林和黑龙江南部的长白山和小兴安岭等山区。区内海拔高度1 000 ～ 1 800m，1月平均温度在－20℃以下，7月平均温度在20℃左右，年降水量800 ～ 1 000mm，属于北温带湿润半湿润气候型。毛百合和东北百合等8种百合分布在这里，它们生长在全光照的草甸、岩石坡地或森林与灌丛边缘。这些百合的特点是耐寒性强，喜光照，但不耐热。

④中国华北山区和西北黄土高原百合生境　该区范围广，包括我国秦岭、淮河以北地区，冬天寒冷干燥，1月平均温度为－20 ～－10℃，夏季炎热，7月平均温度为18 ～ 27℃，年降水量400 ～ 600mm，光照充足，土壤偏碱性，属于暖温带、温带，半湿润、半干旱气候型。这一地区分布最多的百合是山丹、渥丹、有斑百合等，多分布在海拔300 ～ 600m之间的岩石坡地或阴坡灌木丛中。这些百合分布广，适应性强，喜光，耐干旱，并能在微碱性土壤中生长。

⑤中国华中、华南浅山丘陵地区百合生境　该区包括中国东南沿海各省份，具有典型季风气候特点，夏季炎热多雨，冬季冷凉干燥，1月平均温度为7 ～ 15℃，7月平均温度为27 ～ 28℃，年降水量1 200 ～ 2 000mm，光照适中，土壤偏酸性，属于亚热带气候型。分布在这一地区的有野百合、湖北百合、南川百合、淡黄花百合和台湾百合。这些百合分布在海拔100 ～ 800m浅山丘陵地区林缘、灌丛和岩石缝中，耐热性强，特别是淡黄花百合和台湾百合等能在30℃以上气温下正常生长。

2. 我国野生百合资源在庭院百合育种中的作用

我国的百合种质资源大约于18世纪后期开始相继传入欧洲，对世界百合品种选育作出极大的贡献。当前世界上主栽的百合杂交品种，如亚洲百合杂种系、东方百合杂种系和麝香百合杂种系的主要亲本都少不了我国原产的百合种质资源。我国的湖北百合是当前世界百合育种的重要亲本。湖北百合与野百合杂交得到‘邱园百合’（*L.*× rewense）、淡黄花百合与湖北百合杂交得到‘哈夫迈’百合（*L.*× T. A. Havemeyer）、通江百合与湖北百合杂交得到‘奥列莲百合’（*L.*× aurelianense）、湖北百合和‘鹿子百合’的杂交，获得了至今声誉不衰的‘黑美人’百合（*L.*‘Black Beauty’）等。我国的王百合引入欧洲后，培育出许多生长健壮且花色优美的杂种百合，使得原来欧洲百合由于病毒的蔓延，濒临灭绝的状况下，又重放光彩（图3-9）。

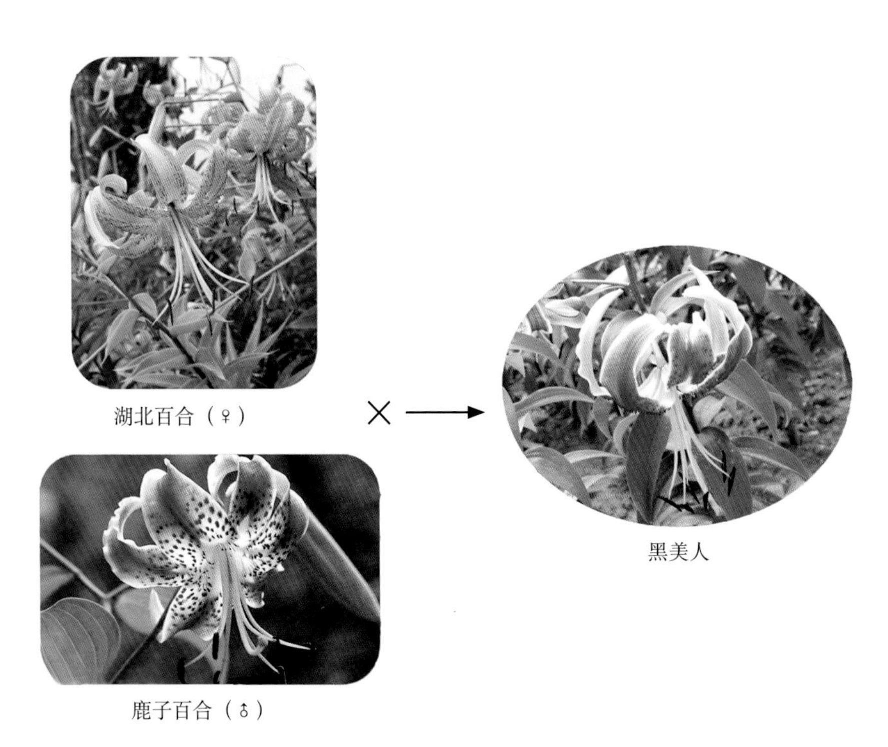

图3-9　黑美人选育组合

国外利用我国的毛百合和渥丹杂交，获得董氏百合（*L. maculatum*）杂种系，又与欧洲的株芽百合等杂交，产生了许多优良的花坛用与盆花、切花用的杂种系。目前庭院百合耐轻石灰质土壤的百合多是它们的后代。

近代育种中，我国的山丹由于具有较强的抗镰刀菌和灰霉病的能力，用山丹作母本与欧洲百合杂交培育花色艳丽的盆栽百合品种。我国的药百合是姿色最优美的种类之一，国外用它作亲本，与荷兰百合、欧洲百合杂交成功，培育许多优良品种。美国近年推广的新杂种‘奈培蕾’百合和‘城市之光’百合就是用青岛百合作亲本培育的（图3-10）。

目前从国外引进的600多个庭院百合新品种的表现，发现许多都有原产我国百合的血缘关系。用我国的野生百合资源培育出庭院百合新品种，在城市广场、休闲绿地、居住区的绿化中，既可作盆花、花境、花丛、花群栽培，又可用于花展、花艺展示。既保护和利用我国的野生百合资源，又防止我国野生百合资源濒于灭绝。

图3-10　青岛百合

3. 国外庭院百合品种资源

（1）国外常见庭院百合新品种　见第二章有关内容。

（2）庭院百合在北京延庆地区的表现　为了在2019年北京世界园艺博览会期间展示球根花卉新品种，笔者从2014年开始收集、保存、筛选适合北京延庆地区的庭院百合，共引进庭院百合125个品种，分以下11个类型：亚洲百合、AzT百合、盆栽东方百合、麝香百合、LA百合、LO百合、喇叭百合、OT百合、TR百合、头巾百合、原种百合。其中，在露地能自然越冬，生长健壮的品种109个，主要是亚洲百合、AzT百合、LA百合、喇叭百合、TR百合、头巾百合。越冬较差的是少量OT百合和原种百合，如OT百合品种‘Beijing Moon’（北京月亮）和原种百合‘Canadense’（康登斯）不能正常越冬。表现最差和不能越冬的品种有麝香百合‘WhitePresent’（白色礼物）、LO百合‘Triumphator’（特里昂菲特），东方百合‘Auratum Gold Band’（黄金带）、‘Rosy Dimple’（酒窝）、Elg、‘Proud Bride’（新娘）、‘Salmon Party’（鲑鱼）、‘Muscadet’（白葡萄酒）、‘Little John’（小约翰）、‘Russian Morning’（俄罗斯）、‘Virginale’（冰靖）、‘Garden Party’（游园会）、‘Chameleon’（变色龙）、‘Josephine’（约瑟芬）、‘Balcony’（阳台）等，完全不能越冬。

北京延庆位于东经115°44' ~ 116°34'，北纬40°16' ~ 40°47'，东与怀柔相邻，南与昌平相连，西面和北面与河北省怀来县、赤城县相接。气候类型属暖温带半湿润大陆性季风气候。延庆地域总面积1 993.75km^2，平均海拔500m以上，气候冬冷夏凉，年平均气温8.4℃。虽与北京城区距离70km，而气候却有很大区别，突出表现为气温偏低。平均气温低于北京城区4.0 ~ 5.0℃，素有北京“夏都”之称。125个庭院百合品种2014年5月种植，生长健壮，越夏表现良好，冬季未加防护措施，露地越冬。经过2014年12月最高温度7℃，

最低气温 –13℃；2015年1月最高温度7℃，最低气温 –14℃，2月最高温度10℃，最低气温 –12℃，结果是东方百合和麝香百合及LO百合冻死，OT百合和原种部分冻死，其他类型的百合都能安全越冬。根据上述气象资料参考，我国黄河以南地区种植各种类型的庭院百合均能自然越冬。

三、育种目标

1. 不同用途的百合育种方向

（1）切花百合育种方向　以有香味的东方百合和OT百合等为主要品种，选植株高大，花头朝上，花序紧凑，一致性好，瓶插期长，易包装，耐运输，生长周期较长的品种。

（2）盆栽百合育种方向　以东方百合、OT百合和亚洲百合中的早花品种为主，生长周期短，株型矮化，花朵紧凑，一致性强，容易包装运输的品种。

（3）庭院百合育种方向　以培育适合地栽或盆栽，能在庭院和园林绿地中应用的百合品种为目标。其品种特点是抗逆性强，能自然越冬，花头向上、向下、向侧面，花型奇特、花色丰富、花朵繁茂，花期长，植株高低差异很大，生长健壮，养护管理简单。

2. 庭院百合育种目标

（1）抗逆性育种　培育耐寒、耐旱、耐轻微盐碱的百合，适合在北方园林绿地中应用，生长健壮，养护管理简单，节约劳力，露地越冬，一次种植多年开花，降低成本，绿色低碳，符合现代园林发展的要求。培育耐湿热品种是解决南方夏季庭院百合生长困难的主要途径。

（2）抗病育种　庭院百合一经栽培，多年观赏，可以种植3 ~ 5年后再轮作，所以要求百合鳞茎既要生长良好，能抗尖孢镰刀菌(*Fusarium oxysporum*)、柱孢属（*Cylindrocarpon*）、茄丝核菌(*Rhizoctonia solani*)、疫霉（*Phyeophthora* sp.）、终极腐霉（*Pythium ultimum*）和灰霉病菌（*Botrytis elliptica*）等的危害，又要鳞茎繁殖系数高，繁殖容易，同时种球贮藏性好，冷库贮藏12个月以上仍有良好品质。

（3）控制植株高度育种　庭院百合既可作盆花，也可作花境、花丛、花群栽培，株型要求变化大，可以低矮或高大，低矮植株高度15 ~ 50cm ，高大品种高度150 ~ 250cm。总的要求植株生长健壮。

（4）改良花色、花形和香味育种　庭院百合要求色泽鲜艳，花色丰富，白、粉、黄、橙、红、紫、双色等各色俱全。花型要奇特，有喇叭形、漏斗形、钟形、平盘、碗形和卷瓣球形等。开花的方向有向上开的、向外开的和向下开的等多种形式。庭院百合在露地种植，可以选育有香味的品种，麝香百合和东方百合是培育香味百合的重要亲本，经过杂交选育出能在露地越冬的新品种。

（5）改变花期育种　庭院百合为了延长观赏期，要选总状花序，花朵繁茂，花期长的品种。同时要注意早、中、晚花新品种培育。早花品种定植后50 ～ 60d、中花品种80 ～ 90d、晚花品种110 ～ 130d。搭配种植可以延长观赏期。

（6）减少百合花粉的育种　百合花粉量大，花粉容易污染花瓣和赏花人衣服，或花粉过敏造成游人不适，选育无花粉或重瓣花的百合也是庭院百合的育种目标。

3. 亲本选择

（1）利用野生卷瓣组百合资源，培育庭院百合　北京农学院百合课题组在2011年尝试以卷瓣组野生百合山丹、川百合、兰州百合、卷丹、湖北百合和亚洲百合杂种系、东方百合杂种系以及LA、OT杂种系品种杂交，以期将卷瓣组的特性在后代中得以表现。通过大量的杂交组合，如下组合获得有种子的果实（表3-2、表3-3）。

表3-2　百合品种 × 卷瓣组野生百合

母本	父本	杂交时间	杂交数量	果实膨大数	结实率（%）
耶鲁林(OT)	山丹	2011.6.23	110	38	45.5
晚安(LA)		2011.5.23	9	7	77.8
多瑙河(LA)		2011.5.29	25+23	2+5	14.5
蒙特格瑞斯(LA)		2011.5.27	7	3	43
演出(LA)		2011.6.17	6	6	100
芬雅(LA)		2014.6.7	4	4	100
波哥达(LA)		2011.6.5	6	2	33
达利达(A)		2011.6.8	2	1	50
希望精灵(A)		2011.5.22	7	3	43
黑人蒙特(A)		2011.6.12	15	4	27
白天使(A)		2011.5.23	52	34	65.4
布鲁内罗(A)		2011.6.5	6	3	50
内罗(A)		2011.6.6	1	1	100
黄色女郎(A)		2011.5.25	5	1	20
丰收(A)		2014.5.30	19	4	21

（续）

母本	父本	杂交时间	杂交数量	果实膨大数	结实率（%）
云丹宝贝(A)	川百合	2012.5.16	18	14	77.8
布鲁内罗(A)					
云景红(A)		2012.5.18	5	2	40
欢腾(A)		2012.5.18	8	5	62.5
玛丽(O)		2011.7.6	16	1	6
秋瑞(O)		2011.7.1	6	1	17
希腊(O)		2011.7.1	1	1	100
热情(O)	川百合	2011.7.10	4	1	25
福星高照(O)		2011.7.6	28	3	11
吉斯波恩(O)		2011.7.1	11	8	73
温尼泊湖(O)		2011.7.2	26	12	46
黄丝带(O)		2011.7.2	4	3	75
阿里奥斯托(O)		2011.7.4	6	2	33
震动(OT)		2011.6.18	25	6	24
芬雅(LA)		2011.6.23	12	9	75
对联（LA)		2011.7.3	3	3	100
布鲁内罗(A)	兰州百合	2012.5.23	27	21	77.8
拉丁红(A)		2013.6.15	12	11	91.6
黄色女郎(A)		2012.5.23	4	2	50
白天使(A)		2012.5.23	11	8	72.7
萨莫(LA)		2012.6.12 2013.6.22	3+15	1+8	50
肉色经典(LA)		2012.6.12	17	2	11.8
荸荠(LA)		2012.6.13	8	5	62.5
红色风暴(LA)		2012.6.12	15	9	60

（续）

母本	父本	杂交时间	杂交数量	果实膨大数	结实率（%）
热情(O)	卷丹	2011.7.18	20	1	5
瑞莫娜(A)		2012.5.23	4	1	25
比萨(A)		2012.5.23	5	3	60
达诺(LA)		2012.6.12	9	3	33.3

表3-3 卷瓣组野生百合×亚洲百合

母本	父本	杂交时间	杂交数量	果实膨大数	结实率（%）
山丹	笑脸(A)	2011.5.21	1	1	100
	白天使(A)	2011.5.23	5	2	40
	拉丁红(A)	2011.6.12	8	5	63
卷丹	热情(A)+少女(A)	2011.7.5	21	3	14
	热情(A)+少女(A)	2011.7.21	11	1	9
	热情(A)+少女(A)	2011.7.24	14	3	21

山丹和亚洲百合杂交无论正反交均有一定的亲和性，从成活和开花的杂种后代中表现出叶片普遍变细变长，偏亲本山丹的叶形；花型偏向山丹、花被片略外翻卷，也偏向山丹，如‘红星’；和纯白花品种杂交后代花色变成浅橙红色，介于父母本之间，如‘克克宝贝’（图3-11至图3-14）。

花无斑点的品种如‘云丹宝贝’和有斑点的川百合杂交，后代的花一般带有斑点，花无斑点的山丹和有斑点的‘拉丁红’亚洲百合杂交，后代开花的株系也均有斑点，证实了亚洲百合的斑点相对于无斑点是由一对等位基因控制的。

川百合和东方百合某些品种可杂交结实，但后代生活力弱，多数生长不良或死亡，至今未获得开花的后代。

卷丹是一个自然三倍体物种，一般不可以用于有性杂交。但以卷丹作母本和亚洲百合杂交可以获得少量后代，这可能是卷丹产生了少量2n配子，具体原因有待深入研究。

'Purple sea(LA)'（♀）

×

红星

山丹（♂）

图3-11　红星选育组合

白天使（♀）

×

克克宝贝

山丹（♂）

图3-12　克克宝贝选育组合

山丹（♀）

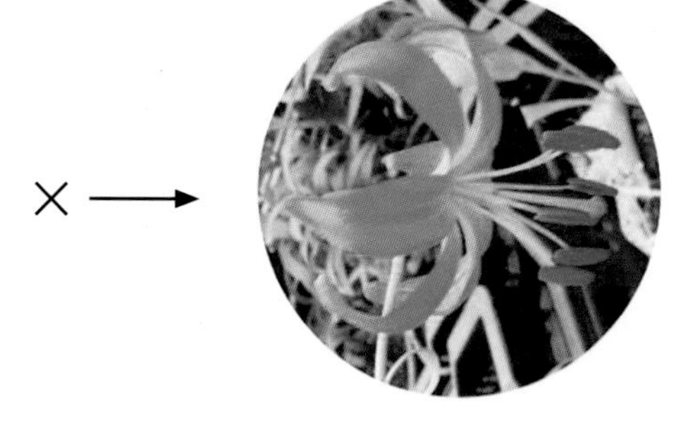

白天使（♂）

图3-13 山丹×白天使选育组合

耶罗林（♀）

幸福树

王百合（♂）

图3-14 幸福树选育组合

（2）利用野生百合组和钟花组百合资源，培育庭院百合　北京农学院百合课题组尝试了利用野生百合组通江百合、王百合、野百合的花粉杂交了近70多个组合、500多朵花，利用野生钟花组有斑百合组杂交近50多个杂交组合、500多朵花（图3-15），如下组合获得有种子的果实（表3-4、表3-5）。

图3-15　TR型百合选育组合

表3-4　东方百合和OT百合品种 × 野生百合组百合

母本	父本	杂交时间	杂交数量	果实膨大数	结实率（%）
耶鲁林(OT)	王百合	2011.6.23	42	20	47.6
曼妮莎(OT)		2012.6.16	40	23	57.5
新铁炮(L)	通江百合	2011.7.12	10	1	10
卡萨布兰卡(O)		2011.7.12	10	7	70
罗宾那(OT)	野百合	2015.2.11	10	1	10
边缘(O)		2015.2.16	6	4	66.6
西诺红(O)		2015.2.12	7	5	71.4
力士(O)		2015.2.11	19	14	73.6
曼德若(O)		2015.2.11	3	3	100

表3-5　野生钟花组有斑百合杂交组配

母本	父本	杂交时间	杂交数量	果实膨大数	结实率（%）
有斑百合	热情（A）	2011.5.19	1	1	100
白色精灵(A)	有斑百合	2011.5.19	61	2	3
白天使(A)		2011.5.23	32	2	6.25
黄色女郎(A)		2011.5.9	10	3	30
摩热勒特(LA)		2012.5.30	3	1	33.3
耶鲁林(OT)		2011.6.23	110	10	9.1

野生百合组的百合和东方百合品种以及OT杂交系品种有一定的亲和性，可以利用百合组野生资源对现有品种进行杂交，有望培育抗病毒和耐热新品种。

野生钟花组的有斑百合和有些品种杂交也是可行的，利用有斑百合等亲本杂交，可望培育超低矮、花头向上、花具斑点等特征的庭院百合品种。

利用亚洲百合与野生百合组王百合、宜昌百合、野百合、通江百合等杂交，培育超级亚洲百合（AzT），超级亚百在引种试验中是表现最好的庭院百合，适合我国北方园林绿地应用。利用王百合、宜昌百合等与东方百合杂交可以培育超高植株TR百合品种。利用亚洲盆栽百合与山丹、渥丹百合等杂交，可以培育超低植株百合品种。利用其他类型的百合品种与抗病毒病的王百合和湖北百合、耐热的淡黄花百合、川百合、具有较强的抗镰刀菌和叶枯病的能力的山丹以及耐寒的毛百合杂交，可以培育抗病、耐热、耐寒的庭院百合新品种。

（3）同类型或不同类型的百合品种之间杂交　从2006年开始，北京农学院百合课题组进行了大量的百合品种间杂交育种工作，其中既有同一杂种系内的近缘杂交，也有不同杂种系间的远缘杂交。杂交组合超过5 000个，授粉花朵超过5万朵，获得有胚种子近8万粒，萌发得到幼苗近5万株，陆续有杂交后代开花，并进入选种阶段。图3-16至图3-19。

通过多年杂交育种资料和经验，总结遗传特性如下：

①LA、OT百合品种多数为三倍体或非整倍体，一般高度不育，但经过近5年多的杂交试验，在引种的大量LA品种中，‘法吉奥’‘响铃’‘才气’等几个品种和亚洲百合有一定的育性，尤其和四倍体亚洲百合品种育性较好，一定程度上验证了江西农业大学周树军教授提出的“胚乳中5个相同的基因组是百合胚乳发育和杂交成功的关键”理论。

瑞莫娜（♀）

× ——→

云景红

查理（♂）

图3-16　云景红选育组合

魔热勒特（♀）

× ——→

庭院03

柠檬小精灵（♂）

图3-17　庭院03选育组合

法吉奥（♀）

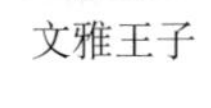

文雅王子

王朝（♂）

图3-18　文雅王子选育组合

桑坦德（♀）

庭院12

卡米娜（♂）

图3-19　庭院12选育组合

②东方百合杂种系品种间杂交基本不存在障碍，杂交比较容易，结实率普遍在30%～50%，但杂交种子有休眠特性，萌发困难；幼苗对土壤酸度和透气性要求高，对环境温度需要凉爽等。在东北、华北、西北、华东等地由于土壤、气温等不适宜而影响东方百合的育种效果，建议这些地区育种工作重点应放在耐盐碱的庭院百合育种上。

③杂交种的株型一般表现为中间型植株或偏母植株。杂交种的花色遗传复杂多样，而且不同的株系花色有差异，一方面是由于亲本本身是杂合体后代重组分离多样的原因；另一方面说明百合花色遗传受父母本多对基因控制，有控制色素种类、含量及分布的基因，有控制细胞中液泡内pH的基因，表现数量性状遗传的特点。百合花色通常是多种色素共同显色的结果，橙色系百合主要含有类胡萝卜素，紫色系百合主要含有花色素苷，黄色系百合和白色系的铁炮百合还含有少量类胡萝卜素，并且所有百合都含有类黄酮；百合的花斑部分由花色素苷所致。黄色和白色亲本遗传能力差，后代纯黄色和纯白色的品种少，为保证花色纯正，则尽量用黄花品种和黄花品种杂交，白花品种和白花品种杂交。图3-20、图3-21、图3-22。

④由两个等位基因控制的百合性状遗传：有些性状仅仅由2种形式的单基因控制，即所谓的等位基因。如亚洲百合的斑点，除斑点外，还有许多性状，也是由一对等位基因控制，详见表3-6，图3-23、图3-24。

图3-20　少女×希望精灵

太阳小精灵（♀）

矩阵（♂）

太阳小精灵×矩阵的实生苗后代

图3-21　太阳小精灵×矩阵

矩阵（♀）

太阳小精灵（♂）

图3-22　矩阵×太阳小精灵

表3-6　由两个等位基因控制的百合性状

类型	显性等位基因效应	隐性等位基因效应
亚洲百合	斑点	无斑点
亚洲百合	乳突上的斑点	无斑点(无乳突)
亚洲百合	刷状标记	无刷状标记
亚洲百合	深橙色	黄色
亚洲百合	深黄色或橙色	淡黄色或橙色
亚洲百合	金色	无金色
亚洲百合	整个花瓣为金色	金色条斑
亚洲百合	有花药	无花药
亚洲百合	无珠芽	具珠芽
东方百合	粉色或红色	白色
东方百合	无条带	金色条带
东方百合	斑点	无斑点
东方百合	正常高度	低矮
Aurelians品系	喉部为黄色或橙色	喉部色彩扩散到整个花瓣
北美品种	金色条斑	扩散到整个花瓣的金色
Martagon和部分亚洲百合	种子正常的色彩	白色种子

图3-23　云丹宝贝×川百合

图3-24　山丹 × 拉丁红

4. 育种技术

（1）杂交育种　杂交育种是最传统，也是最有效的的百合育种方法，现代百合新品种基本都是用这种方法培育的。

通常两个百合亲缘关系越近，它们杂交就越容易成功。有些种类完全自交可育，但大多数百合是自交不育或部分可育。亲缘关系远的百合类型间杂交，实践证明育性是很低的。当前世界各国培育的百合杂种系，多数是属于不同的种群和杂种间杂交育成的，由于属于远缘杂交，育性极低，采收的蒴果不饱满，发育正常的种子少，不易获得杂种后代。

造成不育的原因除亲缘关系外，百合染色体倍性也是直接影响杂交亲和性的重要因素，由于百合胚囊为四孢型胚囊，又增加了受精后胚和胚乳染色体的协调和比例关系的复杂性。再则，还和百合花柱过长有关，百合花柱一般长3 ~ 5cm，花粉在柱头上萌发后要经过很长的距离才能到达子房，由于母本抑制父本花粉的发育，造成花粉管中途停止发育，达不到授粉的目的。

①杂交方法

A. 去雄授粉　几乎所有的百合都有大量花粉，一旦选择花朵作为将来生产种子的亲本，就应该在花药散粉之前去掉花药，待柱头分泌黏性物质，将父本的花粉授到柱头上，然后再用锡箔包裹花柱和子房。多用在同类型百合系内

不同品种杂交，即直接授粉法，不切柱头。每个杂交组合授粉的花朵数至少要3朵以上，以便增加成功的概率。一旦进行杂交，立即给花朵挂标签。并保护蒴果生长数周或至蒴果成熟。

B. 收获种子　当种子成熟时，蒴果开始变干，顶部开裂使成熟种子撒落。此时要及时收获蒴果，防止种子撒落。采收蒴果，挂上标签，放在干燥、空气流通的地方。百合的种子生长于具有3个小室的蒴果中，呈褐色，扁平，很薄，具膜。

百合种子具有两种发芽方式：快速发芽子叶出土型和推迟发芽子叶不出土型。子叶出土型，即在地表上长出子叶来，除了东方杂交种以外的大多数百合种和杂交种均属于此类型。早春将种子播到温室或露地苗床上，在几周内就可以发芽，生长2 ~ 3年才能开花。子叶不出土型，即子叶不露出地面，例如东方百合和星叶百合(*L. mortagon*)种及相关的杂交种均属于此类型，一般发芽较慢，较困难，成熟的种子需要3个月或5个月以上才能发芽。

②克服远缘杂交不育的方法

A. 引导授粉方法　育种家把一些辐射的花粉放在母本的柱头上，所谓先打开"侵入警报系统"但不能使胚珠受精，当警报已关闭，大约在24h后授上真正的花粉，似乎可达到受精的目的。另外一种方法是放极少量已知和母本亲合的花粉于柱头上，引导关闭排斥机制，为在24h或48h期间使真正花粉自由进入子房授精。这也意味着，最终将收获少量不需要的种子。

B. 切柱头授粉方法　不同类型百合类间品种杂交，多采用切柱头授粉法。为了缩短花柱的长度，在授粉前，用刀片切除部分花柱，可以保留1cm长的花柱。切掉柱头和大部分花柱后，当然不会再有良好、肥大、湿润的柱头接收花粉，为了解决这个问题，可在残留的花柱上切开小口，将花粉授上，然后再用锡箔纸包裹花柱和子房，防止干燥。

C. 胚培养　采取以上两种方法授粉后蒴果膨大，必须在蒴果还是绿色，胚已经发育，大概授粉后50 ~ 70d剥种皮，将胚取出，放在无菌的培养基上培养，直到长出幼苗，然后转入生长介质中培养。自从Emsweller (1963) 首次在东方百合上应用胚培养技术成功以来，许多百合新品种都是采用切柱头授粉加上胚培养技术获得成功的。这是克服远缘杂交不育的最好方法。

另外，通过子房及子房切片培养技术也能达到胚培养的效果，是近年来才开始采用的育种方法(Van Tuye等，1991)。

D.试管受精技术　据Van Tuyl等（1990）报道，试管授粉、受精、胚形成技术在百合育种中得以应用。

总之，通过切割嫁接花柱以克服受精前的障碍，试管培养以克服受精后障碍，都在完全可控制的环境条件下进行，培育出许多麝香百合与亚洲百合、麝香百合与东方百合、东方百合与喇叭百合等种间杂交种。

（2）多倍体育种　百合正常的染色体数2n=2x = 24；在自然或栽培条件下，单个植株偶然变成三倍体，即2n=3x=36，或四倍体(2n=4x=48)。如卷丹、日本百合（*L. japonicum*）为自然三倍体。目前从国外引进的品种中。亚洲百合橙色小精灵（Orange pixie)、白天使（Navona)、绽放（Vermeer）是三倍体；布鲁内罗（Brunello)、金秋（Val di Sole)、穿梭（Tresor）为四倍体。LA和OT杂种系中多数品种为三倍体。

百合多倍体的优点表现为植株健壮、花朵硕大、花瓣宽而质地厚、色泽艳丽、花期延长、鳞茎肥厚，贮藏的营养物质含量也相对有所提高；缺点是花朵的姿态变差，花蕾、花瓣变脆等。比较早的是1987年育种家Schenk就在东方百合和亚洲百合方面开展多倍体育种研究。近年来，国内报导食用的龙牙百合的四倍体小鳞茎中蛋白质、氨基酸、核酸、淀粉、脂肪、ATP、维生素B_2的含量均高于二倍体。在克服百合远缘杂交的不育性方面，通过诱导远缘杂交获得的杂种后代进行染色体加倍，使其成为一个新的可育的异源多倍体品种，从而进一步加以利用。借鉴其他作物的方法，利用百合多倍体作为遗传媒介，从而把湖北百合、毛百合、山丹、王百合等相关的抗病基因转移到栽培品种中，可筛选出抗病性强、性状优良的植株。

百合多倍体育种中还存在许多的问题，诸如：对于多倍体形成途径及机制的描述大多仅限在形态变化、染色体数目和核型分析上，对遗传机理不明确；嵌合体现象普遍，同一倍性效率低，常常是四倍体与二倍体的嵌合体，这将会给多倍体的选育工作带来一定的困难；新培育出的多倍体品种的优良特性不够稳定；由于多倍体生理特性的影响，其生长较为缓慢，生育期迟，继代增殖率低，难以在短期内获得大批量的多倍体品种；多倍体诱导中主要采用秋水仙素、二甲基亚砜等作为诱变剂，毒性较大，易污染环境等。但如能很好地利用已有的多倍体资源，在遗传应用上不仅能克服远缘杂交的不育性，还可作为一种新的遗传媒介。同时，通过多倍体育种等与传统的育种方法相结合，可选育出抗寒、抗旱、抗病等百合品种，在百合育种中的作用和意义还是很重大的。如果用不同染色体数目的百合杂交，应该用倍数高的百合作父本。

（3）辐射育种　辐射对百合染色体、DNA和RNA的影响极大，这些遗传物质受辐射后产生的异构现象，都会导致有机体的性状变异。选低温贮藏过的百合鳞茎作诱变材料，送进钴照射室进行外照射，处理剂量2 ～ 3Gy，照射部位为鳞茎盘。经过处理的鳞茎分别采用鳞片扦插和组织培养方法繁殖，对繁殖的新个体（M1）进行观察，如果发现有利变异就可用无性繁殖的方法固定下来，经过培育、选择就可得到新品种。除百合鳞茎外，种子、花粉、子房、珠芽等也可作为诱变材料，但辐射的剂量应进一步选择。

北京农学院百合课题组选低温贮藏过的王百合鳞茎作诱变材料，送进钴照射室进行外照射，$^{60}Co-\gamma$ 射线处理的剂量为2 ~ 3Gy，照射部位为鳞茎盘。经过处理的鳞茎分别采用鳞片扦插和组织培养方法繁殖，从中选出了17个表型突变体，其中13个为雄性不育突变，经培育获得了1个雄性不育品系（张克中、赵祥云，2003）。

（4）转基因育种　尽管目前多数百合新品种是通过常规杂交育种获得的，但随着生物技术的不断发展，分子育种可弥补传统育种技术的缺陷，甚至可创造出自然物种所不具备的新性状，能够在较短时期内培育出稳定遗传的新品种、新类型，已成为传统育种的重要补充。将不同性状的外源基因整合到百合基因组上，如抗衰老基因、花色调控基因、抗病基因、抗虫基因、抗病毒基因等，能够提高百合的抗病能力，延长观赏期，加快其繁殖速度，改良其品质，提高其观赏价值和经济效益。

①百合受体体系的建立　在植物遗传转化中建立高效、稳定且再生能力强的受体系统是实现基因转化的先决条件。自1957年Robb离体培养百合鳞茎成功以来，百合的组织培养技术已取得显著进展。百合的再生能力强，再生方式多样，外植体可选择百合的鳞片、叶片、茎尖、茎段、珠芽、花梗、花药、花丝、花瓣、子房、种子、胚胎等，为其遗传转化系统的建立提供了方便。

②农杆菌介导法百合转基因体系的建立　通过感染将农杆菌所带的经过或未经过改造的T-DNA导入植物细胞，引起相应的植物细胞产生可遗传变异。不同的农杆菌菌株对百合的侵染能力不同，而不同的百合品种对农杆菌侵染的敏感性也不同。具体菌株以及再生体系的选择参考相关文献。在外植体与农杆菌共培养一定时间后通常使用的抗生素有羧苄青霉素、头孢霉素、卡那霉素等。和双子叶植物不同的是，百合植物需加入外源乙酰丁香酮(Acetosyringone，AS) 的诱导才能激活Vir区的基因。百合遗传转化中采用报告基因有 *GUS* 基因、*NPTII* 基因、*CAT* 基因、*GFP* 基因、*UidA* 基因、*PAT* 基因等，其中主要以 *GUS* 基因为主。

③基因枪法　又称微弹射击法，是一种将载有外源DNA的金属（钨或金）经驱动后，通过真空小室进入靶组织的一种遗传转化技术。

④百合转基因分子育种中相关的功能基因　将抗病基因成功转入百合的有几丁质酶基因、β-1,3葡聚糖酶基因、无症病毒LSV 外壳蛋白基因、抗黄瓜花叶病毒基因、美洲商陆抗病毒蛋白(PAP)基因。百合抗虫基因工程中已被广泛应用的有：苏云金芽孢杆菌基因，植物外源凝集基因，植物蛋白酶抑制剂基因和淀粉酶抑制剂基因等4类。

目前研究发现与百合花发育相关的基因有 *LMADS1*、*LMADS2*、*LMADS3* 和 *LMADS4* 系列基因和 *LILFY1* 基因，和百合花粉发育相关基因有磷

脂酶C基因（*LdPLC1*和*LdPLC2*）等。和百合花色发育相关的查尔酮合成酶基因有报道。

百合基因工程育种仍处于起步阶段，仅取得阶段性进展，百合转基因性状的遗传稳定性较差，转化百合成功的基因还仅限于改善百合抗逆性方面，且尚未真正用于商业生产。对于人们更加关心的改变百合花期、花香、花色等基因工程核心内容的研究还有很长的路要走。

5. 提高百合育种效率的途径

（1）花粉活力测定，提高杂交效率。将新鲜花粉进行花粉萌发试验，了解和掌握每种育种资源的花粉活力，选择花粉活力较高的资源做父本，科学合理组配杂交组合，提高杂交效率。同时也对花粉贮藏条件和贮藏后花粉活力进行测试，为花期不遇的母本授粉提供花粉。花粉生命力强，同时耐贮藏能力也强的品种有野生种山丹、川百合、王百合等，LA中的波蒂尼(Boldini)、法吉奥(Fangio)，东方百合中的水晶布兰卡(Crystal blanca)、林波波(Limpopo)、里伯拉(Ribera)、桑坦德(Santander)、粉佳人(Maurena)、敏感(Jumpy)、前锋(Striker)、西诺红(Viviana)、力士(Lisex)等，亚洲百合中的波利安娜(Pollyanna)、拉丁红(Red Latin)、矩阵(Matrix)等。

（2）实生选种，利用后代的性状变异，提高育种效率。在资源圃内经常

图3-25　实生培育

看到没有杂交而膨大的果实，这些果实不要丢弃，可以采用胚抢救或播种培育后代，利用实生苗后代的性状变异，提高育种效率。

（3）选择百合鳞茎生长健壮，能抗地下病虫害和繁殖系数高的品种做父母本，能加快庭院百合育种进度。

（4）用混合花粉授粉，能提高结实率和育种效率。根据育种大致目标和母本资源开花的数量多少，合理选择父本的种类，同时要考虑到将来准确鉴定后代真实父本的难易度。预防后代的花色太杂，白花和白花的花粉组合在一起，红花和红花组合在一起，保证花色纯净。

6. 加强新品种栽培与管理

百合育种是个系统工程，周期相当长，一般要11 ～ 13年才能达到培育成一个较好品种的最终目的。第一年杂交（包括胚抢救）；第二年播种（组培扩繁）；第三年、第四年培育与选种；第五年新品种组培扩繁；第六年组培球过渡和养护；第七年培育开花球；第八年区域试验；第九年选中的再组培扩繁；第十年申请专利、保护、注册、推广；第十一年上市销售；第十二年、第十三年有大量商品球供应。所以百合育种是既细致又艰巨的工作，每个环节都要做好，否则会前功尽弃，造成极大浪费。

第四章
庭院百合种球繁育技术

近年来，中国各地举办百合花展，对庭院百合种球的需求量不断增加，但国际市场庭院百合种球价格昂贵，供货能力不足，所以庭院百合种球国产化生产已经势在必行。根据切花百合种球生产经验，庭院百合种球生产必须从脱毒的组培小鳞茎起步，经过脱毒鉴定培育成原种球，然后剥离鳞片扦插繁殖再生小鳞茎，经过1 ~ 2年的培育最后形成开花的商品种球。商品种球还要采后处理、清洗、消毒、打破休眠冷藏、冷冻等环节才能供应市场。所以庭院百合种球繁育是科技含量高、产业链条长的系统工程（图4-1）。

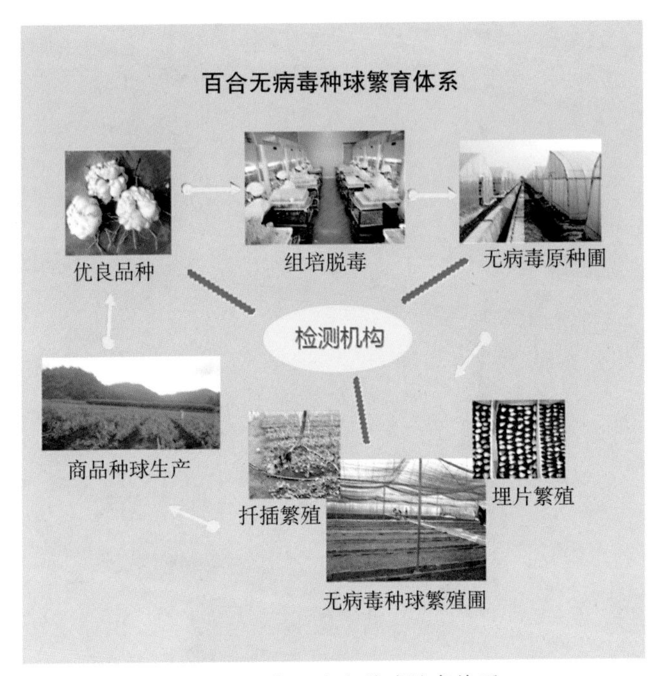

图4-1　百合无病毒种球繁育体系

一、无病毒种球繁殖技术

目前已发现有15种以上的病毒可感染百合，其中百合易受6种主要病毒的危害，这6种病毒是黄瓜花叶病毒（CMV）、百合无症病毒（LSV）、郁金香碎花病毒（TBV）、百合斑驳病毒（LMoV）、百合X病毒（LXV）、百合丛簇病毒（LRV）。尤以百合无症病毒发生最为普遍，可高达70%～ 80%。

1. 脱毒原理

（1）茎尖培养脱毒　病毒的遗传物质是DNA或RNA大分子。病毒进入植物细胞后，通过维管系统移动而传播，但在茎尖分生组织中不存在维管系统。病毒在细胞间移动只能通过胞间连丝，速度很慢，难以赶上活跃生长的茎尖，因此顶端分生组织带毒少，病毒含量低；同时在旺盛分裂的分生细胞中，代谢活性高，抑制了病毒的复制；另外，茎尖存在高水平内源生长素可抑制病毒的增殖，所以一般采用百合茎尖培养脱毒。切取茎尖体积越小脱毒率越高，但组培成活率低；切取茎尖体积越大脱毒率越低，但组培成活率高（图4-2）。

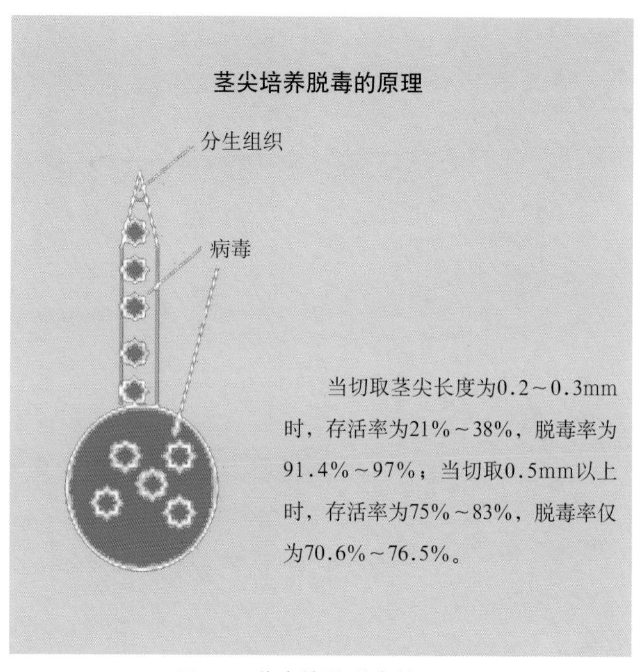

图4-2　茎尖培养脱毒的原理

（2）热处理脱毒　热处理之所以能够去除病毒，主要是利用植物体内某些病毒颗粒受热以后的不稳定性，钝化病毒的活性，导致病毒含量不断降低，这样持续一段时间，病毒自行消失而达到脱毒的目的。常用的方法是将百合种植在花盆中，放在35 ～ 40℃的温度下1 ～ 2周后，切取百合茎尖作外植体进行培育达到脱毒目的。

（3）化学疗法脱毒　将感染病毒的百合鳞片接种到含病毒唑或二硫脲嘧啶的培养基上，随培养时间的延长，病毒浓度降低，约40%再生的小鳞茎可脱除病毒，如果鳞片接种后，放在35 ～ 38℃高温下保持4周，脱毒效果比单独使用化学疗法效果好。可去除黄瓜花叶病毒（CMV）和百合无症病毒(LSV)，并且对芽的分化影响小（图4-3）。

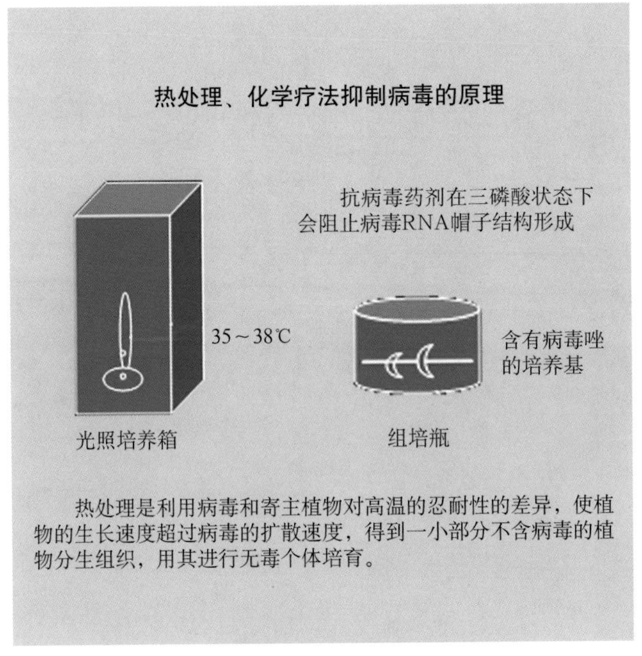

图4-3　热处理、化学疗法抑制病毒的原理

（4）综合脱毒技术　几种方法的配合使用可提高植物脱毒效果。综合脱毒技术是将高温热处理与茎尖脱毒培养相结合，产生愈伤组织或再生苗后，再与化学处理相结合的脱毒技术。

除了以上这些脱毒方法以外，花药培养法、花丝培养法、胚珠培养法也可脱除部分病毒。用DAS-ELASA法和RT-PCR技术对以百合花丝为外植体诱导的组培苗进行病毒检测，均发现全部脱除了黄瓜花叶病毒(CMV)和脱除了部分百合无症病毒(LSV)。

2. 庭院百合脱毒籽球繁育方法

采用综合脱毒技术，即将热处理、茎尖培养和抗病毒药剂相结合的方法。

（1）热处理、茎尖培养建立无菌体系

①百合种球的栽种　在35 ～ 38℃条件下种植百合种球，经过7 ～ 15d的培养，待芽长高并绽开呈莲座状，开始采集百合茎尖。

②外植体灭菌和生长点的剥取　将步骤①采集到的百合茎尖，用中性肥皂水清洗3 ～ 5min，自来水冲洗过夜，0.1%升汞灭菌5 ～ 10min，然后用70%酒精浸泡10 ～ 15s，取出茎尖，先用加吐温的灭菌水冲洗2 ～ 3min，再用灭菌水冲洗5 ～ 6遍。外植体清洗干净后，先将茎尖的叶片全部剥除，用

解剖针挑取百合生长点，生长点长度为0.4 ～ 0.8mm，将剥取的生长点作为组培培养外植体。

③接种　将步骤②剥取的茎尖生长点，接种到1/2 MS + 6-BA 1.0 ～ 2.0 mg/L + NAA 0.2 ～ 0.5 mg/L +4% 蔗糖+ 琼脂粉6g/L诱导培养基上，培养基的pH= 5.8，经过40 ～ 60d培养，生长点膨大成直径2 ～ 3 cm的叶丛。

（2）加入抗病毒药剂进一步脱毒培养

①继代　将上述步骤③叶丛切成0.5 cm小块，接种到MS + NAA 0.2 ～ 0.5 mg/L+ 4% 蔗糖+Ribavirin 5 ～ 10 mg /L + 琼脂粉5g/L+0.5%活性炭的培养基上，培养基的pH=5.8，经过40 ～ 60d培养，形成带球的瓶苗。

②病毒检测　将步骤①瓶苗进行酶联免疫（ELISA）和RT-PCR检测，确认无百合无症病毒(LSV)、黄瓜花叶病毒（CMV）和百合斑驳病毒（LMoV）为无毒苗。

（3）脱毒籽球的继代培养

①脱毒籽球诱导培养　将上述步骤②经过病毒检测无病毒脱毒瓶苗转移到籽球诱导培养基MS + KT 2 ～ 5 mg/L + NAA 0.2 ～ 0.5 mg/L + 4% 蔗糖+ 琼脂粉5g/L+0.5 %活性炭，培养基的pH=5.8，在温度（22±1）℃、光照强度1 500lx、光照12h/d的环境条件下培养40 ～ 60d，直接诱导出带叶脱毒籽球。

②增殖培养　将步骤①带叶脱毒籽球，切去叶片和部分基部组织，纵切成3 ～ 4块直径0.3 ～ 0.5cm材料，接种于和脱毒籽球诱导培养相同的培养基上，在温度（22±1）℃、光照 12 h/d、光照强度1 000 ～ 1 500 lx 的环境条件下培养两个月，扩繁系数可以达到3 ～ 4。

（4）瓶球驯化及移栽入土

①籽球处理　瓶球出瓶前，将瓶口打开炼苗3d，然后用镊子轻轻取出瓶球，用清水冲洗掉培养基，包埋在盛有消过毒的草炭或蛭石的塑料箱中。保持温度（10±2)℃，介质湿度50%左右,3 ～ 4d后冷藏，温度由10℃降到3 ～ 4℃冷库中处理30 ～ 40d打破休眠。也可以带瓶过度和处理，最后消毒种植。

②移栽驯化　将打破休眠籽球取出，用2 000倍阿米西达药液浸泡籽球20min，然后定植到80 ～ 90穴的穴盘中。基质配比为：草炭1份、蛭石1份加少量促生根的菌肥拌匀装盘。定植后浇透水，并用地膜覆盖穴盘，放到网室内养护，昼温20 ～ 25℃，夜温10 ～ 15℃，盘土保持湿润。定植成活后，揭掉地膜，每周喷1次1/4 ～ 1/2 MS营养液。

③打破休眠　经一个生长季，地上叶片枯黄，地下籽球直径达2cm左右，按上述方法包埋贮藏于冷库打破休眠。

国外报道多胺能显著促进麝香百合小鳞茎的形成，其中效果最好的是精胺。Lim等研究，在16h光照、30g/L蔗糖的条件下，1/2 MS 促进百合小鳞茎

的数量增加；在连续黑暗，90g/L蔗糖的条件下，1/4 MS则获得最大鳞茎生长。根据国外的经验，庭院百合脱毒籽球繁育方法可以改进，如调整不同品种培养基的配方，增加暗培养环节，利用生物反应器加快脱毒籽球繁育速度等（图4-4至图4-12）。

图4-4　组培扩繁无病毒种球

图4-5　组培培养室

图4-6　百合无病毒组培苗

图4-7　洗　苗

图4-8　用高锰酸钾给组培苗消毒

图4-9　脱毒苗的过渡驯化

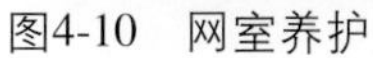

图4-10　网室养护

图4-11　原种圃定植

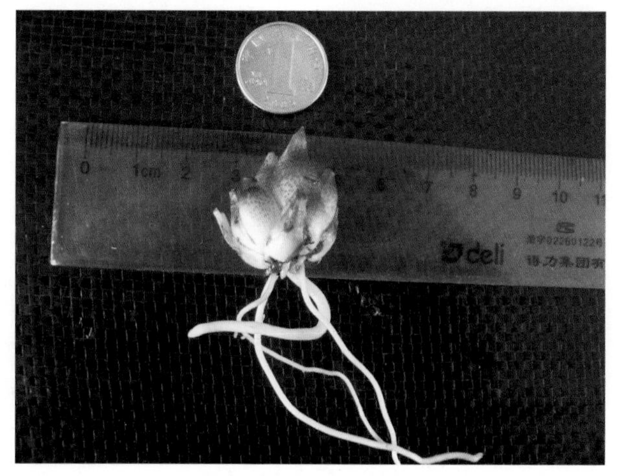

图4-12　籽球长成规格

二、病毒的检测方法

上述脱毒的瓶苗必须先进行病毒的检测，证明不带病毒后方可继代扩繁。病毒的检测方法很多，有检测条件可以自己检测，无检测条件的可以送有资质的相关部门检测。

1. 酶联免疫吸附测定法（ELISA）

其原理是通过化学方法，在酶的标记和高效催化下使抗原或抗体结合到某种固相载体表面发生免疫反应。这种酶标抗原或抗体不但保留了其免疫活性，也保留了酶的活性，因此保证了抗原和抗体结合的高特异性和高灵敏性。目前，双抗体夹心酶联免疫吸附法(DAS-ELISA)是检测百合病毒常用的方法。

检测试剂：美国ADGEN公司生产的植物病毒酶联免疫检测试剂盒，检测结果的判断，通过观察颜色和酶联仪测定OD值。阳性对照淡黄色。阴性对照无色。脱毒率需达90%以上（图4-13）。

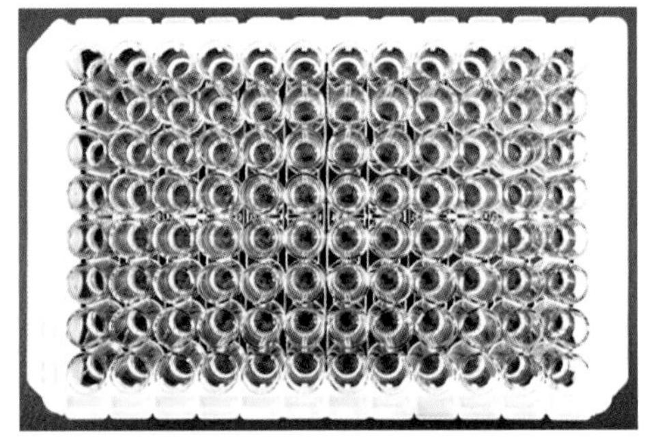

图4-13　酶联免疫图

2. DNA芯片技术

根据百合病毒病的核苷酸序列，结合计算机软件分析，设计并筛选出特异性引物和特异性探针，发展了一种以荧光标记不对称PCR为基础的基因芯片检测方法，可以同步检测百合病毒病的多种病原体（图4-14）。

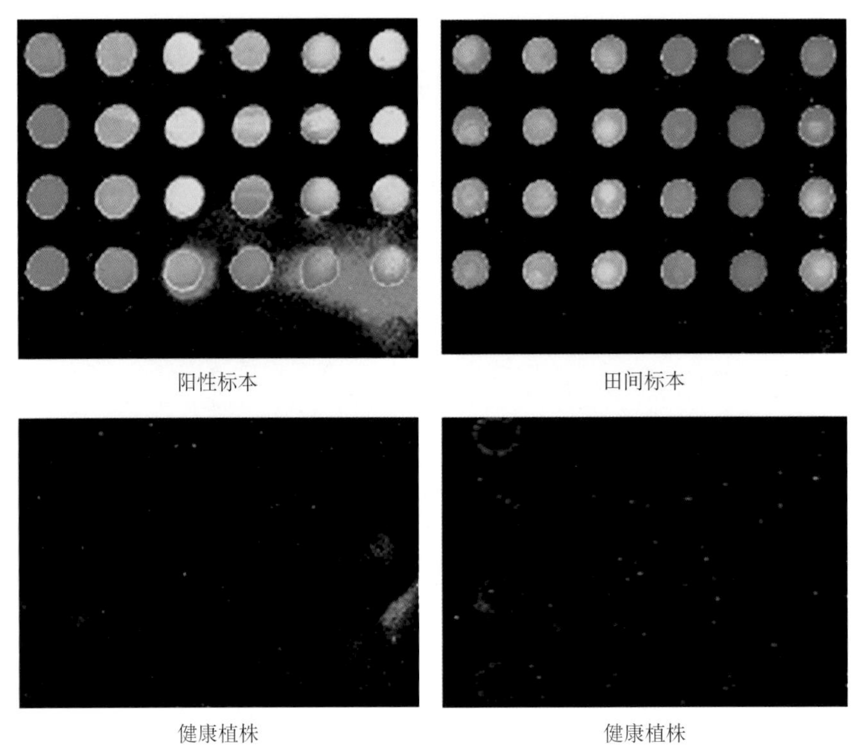

图4-14　基因芯片检测CMV、LSV、LMoV杂交信号扫描图

3. 电镜技术

采用电子显微镜直接观察细胞中的病毒颗粒形态和细胞病变，进而判断病害是否由病毒引起，并且可初步鉴定病毒种类。目前免疫技术与电镜技术结合的方法可鉴别百合汁液中病毒粒子。

4. RT-PCR技术

PCR是一种DNA体外扩增技术。大多数植物病毒含RNA，所以首先要将RNA反转录成cDNA，再以cDNA为模板，加入待检测病毒的特异性引物进行PCR反应，此方法称为RT-PCR。RT-PCR技术与免疫学方法相比较不需要制备抗体，而且检测所需的病毒量少，具有灵敏、快速、特异性强等优点，近年来已在病毒检测和分子生物学研究等许多领域得到迅速而广泛的应用。

5. 指示植物法

当原始寄主的症状不明显时，就可用指示植物法，这是因为指示植物比原始寄主更容易表现症状。具体做法是将病叶研磨，把汁液接种到寄主植物上。指示植物法简便易行，成本低，但它灵敏性差，所需时间长，难以区分病毒种类。

三、建立无病毒种球原种圃

移栽驯化的脱毒百合籽球，种植在原种圃内培育成商品种球。此商品种球主要是为繁殖圃提供鳞片。

1. 建立原种圃的条件

（1）气候条件　选择气候冷凉、昼夜温差较大的地区，最适温度为5～25℃，最热月份平均气温≤20℃；光照充足，通风良好，生长期降雨充足。

（2）栽培条件　交通便利，道路畅通，有水源，土壤肥沃、沙质壤土、空气清新无污染。原种圃必须有温室和网室设施。无病毒种球培育期间，温室和网室要封闭严密，禁止闲人出入，严格防止昆虫和人畜入室传播病毒。及时防治蚜虫，原种圃周围不要种植黄瓜、烟草等易患同百合相同病毒的植物（图4-15）。

图4-15　脱毒籽球种植

2. 土壤准备

（1）土壤改良　土壤要求疏松、透气，排水良好，以沙壤土为宜。种植地块确定后立即采集土壤样品检测分析pH和EC，土壤pH为6 ～ 7、EC低于0.7mS/cm为宜。如果土壤pH和EC不在上述范围时要进行土壤结构改良，采用适量的泥炭、蛭石或粗沙等基质与耕作层土壤混合均匀，改良后方可种植。

（2）土壤消毒　种植前15 ～ 20d完成土壤化学药物消毒工作。杀虫剂为3%辛硫磷颗粒剂，每667m^2 6kg，杀菌剂为五氯硝基苯，每667m^2 3kg。按药剂用量要求均匀撒施到土壤表面，深翻土壤至15cm，使药剂与种植层土壤均匀混合，然后迅速浇水，水分渗入土层深度至少为20cm。

（3）做苗床　种植前根据温室或网室的大小，对地块进行苗床规划，以便于生产管理及种球采收。一般苗床做成高床，宽80 ～ 100cm，长根据地块大小确定，沟深≥25cm。要求床面平整、沟直、土壤细度适中。

3. 种植

（1）解冻移栽驯化后的脱毒百合小籽球　打开包装袋，在阴凉、高湿环境下自然解冻，避免籽球、基盘根干燥，当包装箱内温度达到12℃时结束解冻。对感染虫害、病害及腐烂的籽球要及时剔除。

（2）消毒　解冻后籽球浸泡在50%甲基托布津600倍液＋50%甲基嘧啶磷600倍液中消毒10min，此间不断搅动，种球消毒后应在3d内种植。

（3）浇水　种植前浇湿地块土壤，种球不能种植于干燥土壤中。

（4）籽球种植　开沟点播，种球按株行距离5cm × 10cm，摆放整齐，芽朝上，种植深度以球顶覆土2 ～ 3cm为宜，种植后立即浇透水。

4. 种植后管理

（1）水分管理　种植后至茎生根发育前保持土壤潮湿，以手捏一把土成团、落地后能散开为宜。茎生根发育后适当减少浇水量。天气干旱及时补水，多雨季节应及时检查积水并适时排水，整个生长期避免土壤出现过度潮湿或干燥板结等现象。

（2）施肥　定植后施一次复合肥作为基肥，当植株高度20cm时，按氮肥：磷肥：钾肥比例为1 ： 1.5 ： 1追施肥料，每隔20d追施一次，共3 ～ 4次。干肥撒施时，要避免肥料撒到植株茎叶上，以防肥料烧伤叶片。

（3）中耕除草　定期检查土壤墒情，及时松土，去除杂草。松土宜浅不宜深，以防损伤根系。

（4）摘除花蕾　籽球经2年的培养后，大多会出现花蕾，应在花蕾长度为2.5 ～ 3.5cm时，在晴天早晨摘除。以利于地下鳞茎的培养。

（5）病虫害防治　生产过程中发生的病虫害主要采取预防为主、综合防治的原则。具体防治方法见第六章病虫害防治。

5. 种球采收

百合植株地上部分茎叶发黄、自然枯死时营养成分已转移种球贮藏，可选择晴天采收。必须按照各品种成熟的先后顺序进行采收，采收完一个品种后，再开始另一个品种的采收。挖球时尽可能避免机械损伤、烈日暴晒和长时间裸露，防止种球鳞片及根系脱水。种球挖出后及时清除枯枝茎叶、腐烂鳞片、烂根等，分品种运至阴凉处待运输。

四、建立无病毒种球繁殖圃

无病毒种球繁殖圃是将原种圃生产的无病毒种球通过鳞片扦插、室内控温埋片和鳞片直接播种3种繁殖方法，扩大繁殖系数，最后完成生产优质商品种球供应市场任务。

1. 鳞片扦插和埋片繁殖方法

（1）鳞片扦插繁殖　为百合种球生产提供大量籽球，这是国外普遍采用的方法。其特点是操作简单，成本低，繁殖系数较高。

①母球选择　从原种圃生产的无病毒百合种球，选择基盘根系无腐烂、外围鳞片无机械损伤、种球径围16cm以上的作为剥鳞片母球，进行鳞片扦插。

②预处理　母球在39℃热水中处理2h(防治线虫、螨类等病虫害)后，立即用冷水淋洗半小时进行降温，室温下放置7d，使鳞片变软便于剥取。

③剥片　春季、夏季、冬季均可剥取鳞片。把整个鳞片从基盘剥离并保证鳞片伤口处整齐。周径16 ~ 18cm规格种球剥片数≥12片，18 ~ 20cm规格种球剥片数≥15片。剥下的鳞片如果来不及处理，需放入5℃冷库中。

④鳞片消毒　鳞片用清水洗净后装入塑料箱，在25%多菌灵600倍液+50%甲基嘧啶磷600倍液中浸泡消毒10 ~ 20min，或使用0.5%高锰酸钾溶液消毒5min后捞出，放置在通风阴凉处晾干鳞片表层水分，待扦插。

⑤扦插准备

A. 扦插基质的选择及配制　百合鳞片扦插基质要求疏松、通气、透水，可用粗沙、蛭石、颗粒泥炭等做基质。以直径0.2 ~ 0.5cm的颗粒泥炭较为理想。一般颗粒泥炭加粗沙或颗粒泥炭加蛭石，适宜的比例应为1 ∶ 1。

B. 基质消毒　配制好的基质需要事先消毒。可采用高温蒸汽消毒或化学药剂消毒。高温蒸汽消毒是利用高温蒸汽(80 ~ 90℃)通入基质中密闭20 ~ 40 min，或将大量基质堆成20cm高，用防水防高温布盖上，通入蒸汽后，在70 ~ 90℃条件下，消毒1h。化学药剂消毒一般使用50 ~ 100倍的40%福尔马林溶液均匀淋湿基质后，用塑料薄膜覆盖封闭1 ~ 2昼夜，然后将基质摊

开，暴晒2d以上，直至基质中没有甲醛气味后方可使用（图4-16）。

C. 插床铺设　在大量鳞片扦插繁殖时，可选温度比较稳定、能经常保持20 ～ 25℃无直射光的地方作苗床。苗床宽90 ～ 100cm，长度根据具体情况而定。将经过严格消毒处理的基质铺设在苗床内，厚度8 ～ 10cm。繁殖数量少时可采用木箱或花盆装入介质扦插。

⑥扦插　将经过消毒阴干的鳞片下部斜插入基质中，鳞片凹面均朝向同一侧。苗床扦插密度一般为500片/m^2，鳞片间距约为3cm，扦插深度为鳞片长度的1/2 ～ 2/3，另1/2 ～ 1/3露出介质之外。为了促进鳞片扦插的成球率和小球的生根率，扦插前利用50 ～ 100 mg/L的IBA浸泡4h或100 ～ 300mg/L的NAA速蘸鳞片，既可保证较高的生球率，又能提高小球的生根率，从而使小球能够从外界吸收更多的水分，加速生长进程（图4-17）。

图4-16　花土消毒

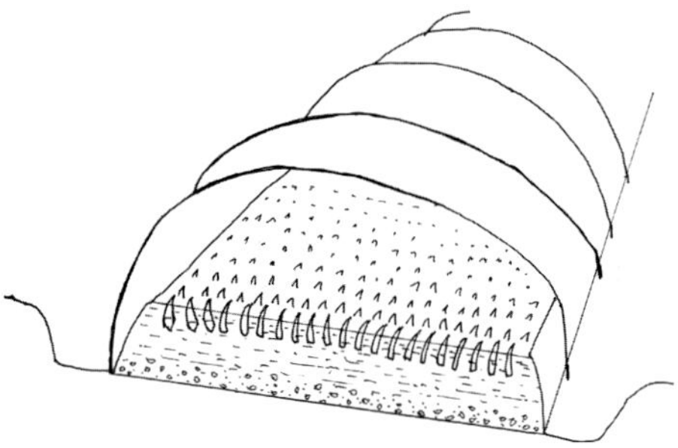

图4-17　百合鳞片扦插繁殖

⑦插后管理

A. 水分管理　鳞片扦插后要立即喷水，使鳞片与扦插基质密接，介质相对湿度保持在30%～ 50%。以后要尽量少浇水，以防鳞片因过分潮湿而腐烂。较高的环境湿度是扦插成功的保证。鳞片在剥离母体后，发根之前仍不断蒸发，但没有吸水能力，因此必须保持基质有足够的水分，否则蒸发过度会造成鳞片枯萎。除保证一定的扦插基质湿度外，空气湿度同样重要，大量研究证明，高温、高湿可促进百合鳞片尽快诱发出小鳞茎；如只有高温，没有较高的环境湿度，就会延迟小鳞茎的增殖时间，降低繁殖系数。为此，扦插环境的空气相对湿度应保持在90%左右。

B. 温度管理　对于大多数百合鳞茎来说，10 ～ 30℃条件下均可扦插成活，但以20℃左右的恒温条件最适合鳞片萌生小子球。一般鳞片插后苗床温度要保持在20 ～ 25℃，前10d温度可高至25℃，但此后温度不宜超过23℃。为了保持苗床温度，可采用塑料薄膜或遮阳网覆盖。

C. 光照条件　鳞片扦插对日照没有特殊要求。但研究表明，以鳞片为外植体进行扦插繁殖，在避光条件下更有利于籽球的形成。因此，插后可覆盖黑色地膜或麦草、稻草，遮光保湿。遮光、保温可结合进行。

⑧小鳞茎收获　鳞片扦插40 ～ 60d后，在鳞片基部伤口处产生带根的小鳞茎。一般每个鳞片可产生1 ～ 5个小鳞茎，小鳞茎直径0.3 ～ 1.0cm，上面长出1 ～ 5条幼根。待小鳞茎长大时，原扦插鳞片开始萎缩，即可掰下小鳞茎移植到大田培养。

⑨大田培养　应选择夏季气候冷凉湿润、土壤疏松、肥沃的地方作种植床。由于鳞茎很小，可采用条播方式，播种深度3 ～ 4cm，行距12 ～ 15cm，株距4 ～ 6cm。秋季播种时，播后覆草越冬。第2年出苗时揭除覆盖草，白天温度维持在20 ～ 25℃，夜间10 ～ 15℃。土壤湿度以手握成团而不出水，放手散开为准，含水量50%左右，空气相对湿度60% ～ 80%为宜。每隔15 ～ 20d追施氮磷钾液态复合肥1次，氮、磷、钾的配合比为5 ∶ 10 ∶ 10，浓度为2.5 ～ 3.0g/L，连续3 ～ 4次。秋季地上部枯萎后挖起鳞茎，即可作播种用子球。按周径小于5cm、5 ～ 7cm、7 ～ 9cm分级，随后立即播种。小鳞茎经2 年的培养后，即可用作开花球。在鳞茎第2年的培养中，有些会出现花蕾，应注意及时摘除这些花蕾，以利于地下鳞茎的培养。繁殖圃应进行土壤消毒，防止线虫和根腐病危害。栽植技术与一般生产相同。

（2）室内控温埋片繁殖　将繁殖容器放置在能够调控温度的室内进行变温处理，从而得到大量优良的百合小鳞茎，是目前国外商品百合鳞茎工厂化、规模化生产的主要途径。这种繁殖方法由于采用对环境控制，因此不受季节的限制，只要有供繁殖用的百合鳞片，一年四季均可进行繁殖。

①繁殖用鳞片　埋片繁殖用的鳞片同扦插繁殖的鳞片一样，消毒后阴干1天左右使用。由于百合鳞茎的组织一般都较脆弱，埋片时易造成鳞片的断裂、损伤而腐烂，埋片前的适当晾晒处理，可增强鳞片的机械强度，减少组织的含水量，提高鳞片的抗性。

②基质　鳞片包埋基质同鳞片扦插基质一样，要求疏松、通气、透水的颗粒泥炭、粗沙、蛭石等做混合基质。基质使用前10d用70%甲基托布津500倍液+40%辛硫磷500倍液对基质进行消毒。按照1 ∶ 5的体积比将药液与基质混拌均匀后，用薄膜覆盖堆放3d后过筛一次，使水分与基质充分混匀。基质含水量以手紧握成团有湿度感但无水滴从指缝中滴出，松开用手指轻拨团能散开为宜。拌好的基质用塑料薄膜封盖备用。

③种球箱　挑选无损坏、清洁干净的种球箱，规格为600mm × 400mm × 240mm。

④包装袋准备　袋子选用厚0.06mm的塑料袋，规格为1m × 2m，均匀打36个孔径为5mm的孔，孔距离袋子四周200mm，孔与孔之间距离250mm。

⑤埋片 种球箱内套一个包装袋后加入2 ~ 3cm厚基质，然后将鳞片凹面朝上摆放，每层200 ~ 250片鳞片，加上2 ~ 3cm厚基质覆盖，再摆一层鳞片再加上2 ~ 3cm厚基质，每箱可以放2 ~ 4层鳞片。最上面一层鳞片需盖上2 ~ 3cm厚基质，然后压好塑料包装袋口，防止水分流失（图4-18，图4-19）。

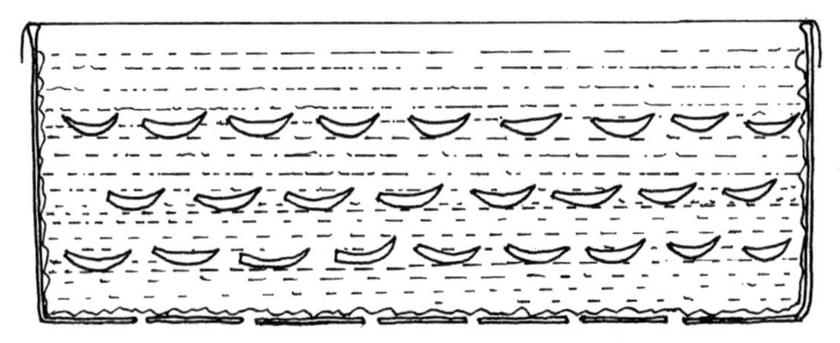

图4-18 百合鳞片埋片示意图

图4-19 埋片（Robina）

埋好鳞片的种球箱按品种叠放，并在箱子侧面粘贴注明品种名称及扦插时间的标签。

⑥温度处理 插好鳞片的种球箱放入23 ~ 25℃冷库内，经6 ~ 12周，出现萌芽现象后放入7 ~ 15℃冷库内，4 ~ 6周后，待小种球有部分出芽时放入3 ~ 5℃冷库内，春化处理8 ~ 12周，不同类型的百合处理的时间有差异。

整个温度处理过程中保持种球箱与墙之间留有15 ~ 20cm的距离，种球箱与地面之间垫有10 ~ 15cm方木，保证下部通气。保持黑暗环境，每天换气使库内空气新鲜，空气湿度一般保持在60% ~ 70%之间。保持基质湿润，出现干燥现象需及时补充水分。同时要注意经常检查鳞片生长发育情况，发现腐烂鳞片要及时清除。

⑦种球生产　从埋片大约20d后开始在鳞片基部形成1 ～ 3个白色小突起，小突起一般在一个月之后发育成小鳞茎。如果鳞片只形成一个小鳞茎，那么它的个体大而健壮，增长速度较快，发根萌叶能力较强。如果一个鳞片发生2个以上小鳞茎时，它们个体较小，生根萌叶能力较弱。经过22周温度处理，当鳞片逐渐缩小干萎后，即可将小鳞茎种植到大田里。种植采用播种机播种，种植后马上在田间铺设灌溉系统，每一个畦面铺设一条喷水带。种植后加强田间管理，重点控制水肥的供给，及时清除田间杂草，并严格预防病虫害的发生。管理方法同原种圃。植株的地上部分已经完全枯死后，立即选择在晴天用种球收获机进行种球采收。

2. 鳞片直接播种法

选择合适的母球剥片，对剥好的鳞片进行消毒。消毒好的鳞片放入冷库内低温处理，春化处理后根据种植计划出库。开沟条播行距20 ～ 25cm，株距3 ～ 4cm，鳞片凹面向上摆放，种植后按照鳞片扦插的管理方式管理。

五、种球贮藏与保鲜技术

1. 种球的采收技术

（1）采前准备　采收新鳞茎前首先检查新芽的长度，长度不超过1cm适合采收，超过1 ～ 1.5cm要尽快采收。但是芽长的鳞茎不能进行冷冻贮藏，否则新芽就会受冻害。其次要分析新芽糖分含量，达到标准即可采收。采收种球时，必须按照各品种成熟的先后顺序进行采收，采收完一个品种后，再开始另一个品种的采收。

采前1周停止浇水，防止在采收时损伤种球鳞茎。采前要做好工具、容器和车辆等准备。

（2）采收时间　充分成熟的鳞茎才能保证种球的优良特性。一般植株地上部分完全枯萎，茎干很容易从鳞茎中拔出，说明鳞茎成熟了，可以采收。不同地区百合种球采收的时间不同，一般我国北方地区在9月中旬至10月中旬采收；我国南方在10月中旬至12月中旬采收，不宜过早或过晚。

（3）采收方法　国外鳞茎的采挖、清洗、消毒和包装是由机械完成。我国有用机械采收的，但大多数都是用手工采挖鳞茎。人工采用铁锹挖鳞茎时从苗床一端开始，逐渐向内推进，边挖边整理集中，以防埋入土中，大小种球均应收集起来。注意不要损伤鳞茎，以减少伤口感染，防止腐烂，同时还应保持鳞茎基生根的完整。挖掘时应在离种球15cm处斜向下锹，挖掘深度是20cm。鳞茎挖出后，去掉鳞茎上的泥土，剪除枯萎的茎轴，然后将种球进行集中，轻

轻放入筐中。挖出的种球要防止阳光直接照射鳞茎和根系，严防脱水受损。如果不能及时搬运，可以用遮阳网或棉被覆盖（图4-20至图4-23）。

图4-20　人工采收

图4-22　种球收获机

图4-21　人工采收的种球

图4-23　种球收获机

（4）运输　采收完成后立即将种球装箱送往车间进行清洗消毒处理。

（5）清洗　将装有百合种球的筐子放在有排水沟的地上，然后用清水冲洗，以除去附着的泥土及小石子，使种球表面白净即可。如果自己用的种球可以不用清洗。国外生产种球要出口，为了防止土传病害传播，清洗的方法需要3道程序，分别是喷淋、在清洗箱水中转动清洗、在种球分级机械上用高压水两面冲洗（图4-24至图4-28）。

图4-24　水洗的第一道程序——喷淋

图4-25　水洗的第二道程序——水中转动洗

图4-26　水洗的第二道程序　　水中转动洗

图4-27　水洗的第三道程序——高压水两面冲洗

图4-28　种球的分离和清洗

（6）分级　在标准的环境条件下种植，以具有相同开花能力的鳞茎的周径作为鳞茎分级标准。通常亚洲百合根据鳞茎的周径大小以9～10cm、10～12cm、12～14cm、14～16cm、16cm以上5个规格进行分级；东方百合可以按照12～14cm、14～16 cm、16～18cm、18～20cm、20cm以上5个规格进行分级。麝香百合和LA百合可以按照10～12cm、12～14cm、14～16cm、16cm以上4个规格分级；其他类型可以参照执行。周径不足9cm的鳞茎分为两种规格3～6cm、6～9 cm籽球。国内多用手工分级，采用自制的周径模版参照操作，分级规格差异较大。国外采用分级包装机械和周径规格分级检测器的分级，操作速度快而且标准。分级操作要细心、轻拿轻放，以免鳞茎和根系受伤。分级过程中要将有病的、根系腐烂的、不合格的鳞茎挑出来，保证种球的质量（图4-29至图4-31）。

图4-29　国内人工种球分级

图4-30　国外百合种球的分级（按大小）

图4-31　国外百合种球的分级（按重量）

（7）消毒　种球消毒是鳞茎贮藏前的一个重要环节。在国外鳞茎包装前要进行两次药剂消毒，第一次消毒由种植户进行，将分级过的种球连箱浸入50％多菌灵可湿性粉剂600倍液和扑海因800倍液的消毒池中，浸泡20min左右。将种球箱从消毒液取出后，充分沥干种球表面的水分，然后再将鳞茎送交销售商，销售商进行第二次消毒。种球浸泡在50%克菌丹500倍液+50%甲基托布津500倍液+50%甲基嘧啶磷600倍液中消毒30min，杀菌和杀虫同时进行。也有销售商用机械消毒，先用杀菌剂杀菌，然后用热水处理杀虫（图4-32至图4-37）。

图4-32　国内消毒药池

图4-33　消毒药剂

图4-34　种球消毒冷水处理

图4-35　种球消毒冷水处理

图4-36　热水处理机

图4-37　热水处理设备

（8）包装　包装填充鳞茎的材料为泥炭，国产泥炭要用70％甲基托布津500倍液+40％辛硫磷500倍液对基质进行消毒。按照1 ： 5的体积比将药液与基质混拌均匀后，用薄膜覆盖堆放3d后过筛一次，使水分与基质充分混匀，填充材料水分含量大约50％为宜，太湿则易造成种球在箱中腐烂。进口泥炭可以不消毒，但在包装前也要将填充材料均匀喷湿。用厚度为0.4mm的塑料薄膜做成袋子，袋子底部打有直径为5mm的孔眼70个，铺在塑料筐内，按不同规格的数量要求，如16/18cm规格200粒/箱，14/16cm规格300粒/箱，12/14cm规格400粒/箱。将百合鳞茎与填充材料混装在塑料袋中，然后封口，并将写有品种名称、规格、数量、生产商、日期等内容的标签贴在塑料箱的两侧（图4-38至图4-40）。

图4-38　加基质与种球混合

图4-39　种球箱自动集合机

图4-40　运输塑料箱

2. 打破休眠技术

百合鳞茎必须经过一段时间的低温处理才能促进其花芽分化，由室温降到冷藏温度时间应是一个循序渐进的过程，如果降温幅度太大，可能会超过百合种球的自身承受力而导致种球冻害。先在13 ～ 15℃条件下预冷处理

1周，然后在2 ~ 5℃下再处理4 ~ 8周。不同百合品种处理的时间长短有差异。研究结果认为，麝香百合杂种系的‘雪皇后’在2 ~ 5℃低温下冷藏需要30d左右打破休眠，亚洲百合杂种系的‘哥德琳娜’在2 ~ 5℃低温下冷藏30d左右打破休眠。东方百合杂种系的‘西伯利亚’在2 ~ 5℃低温下冷藏45d左右休眠即被打破开始分化，‘索帮’在2 ~ 5℃低温下冷藏60d左右打破休眠。贮藏时间过长会减少花芽的数量。其他类型的百合也需要低温处理打破休眠阶段，冷藏时间长短有待于进一步研究（图4-41，图4-42）。

图4-41　冷库内环境

图4-42　插入箱内的电子探头（测温）

百合在低温贮藏期，鳞茎的生命活动从来就没有停止过，只是将旺盛生命活动抑制的弱些，鳞茎的生理和生化过程还不断进行。根据鳞茎新芽中的糖分含量变化，来确定打破休眠时间。当糖含量达到最高限时，说明休眠结束，要进行鳞茎冷冻贮藏。如果糖含量开始下降，此时才冷冻贮藏，鳞茎就有受冻害的危险。

通常用榨汁器和糖分含量检测仪就可以定期跟踪糖分的变化。每次随机取5个鳞茎，剥掉鳞片取出新芽榨汁，用糖分含量检测仪测量汁液糖分，找出最高值，不同品种最高值不同。一般亚洲百合含糖量高达25%～30%，东方百合含糖量高达20%～25%，麝香百合含糖量高达15%～20%。

3. 低温贮藏技术

（1）百合鳞茎低温处理的方法　将装有百合鳞茎的塑料箱在冷库里一层一层叠起来，为了保证库内空气流通，箱子底层不能紧挨地面，放置时先用木块垫起来，叠起的箱子与冷库墙壁之间应留出10cm左右的空隙，每叠箱子之间也要留一定空隙，中间留人行道便于经常查看，最高层箱子离屋顶也要保持50 ~ 80cm距离。为了保湿，最上层的箱面应再盖一层塑料薄膜。鳞茎的贮藏温度变化过大可能导致冻害或发芽。

亚洲百合放在一个冷库里。东方百合和麝香百合放在另一个冷库中，每

个品种，每种规格集中放置，商品球和小球分开。

（2）冷库的日常管理　每天要观察库内的温度是否和控温箱温度一致，每周通风换气2次，每次2h，为了使库内温度变化不大，常在夜间换气。同时也要进行空气湿度的观察记载，一般要求空气湿度达到70%～80%。

冷库的管理每天都要有记载（温度、湿度、通风换气的时间、种球入库和出库的情况、冷库的制冷情况、发生意外否、值班人员等）。

4. 低温冷冻技术

若要较长时间地贮藏百合鳞茎，必须采用冷冻处理。冷冻处理要求温度稳定，由于温度升高而解冻的鳞茎不能再次冷冻，否则会产生冻害。在冷冻鳞茎过程中，不管是堆放或是放在箱中，必须在相当短的时间范围(2～3d)被冷冻到适宜的温度。因此，要求冷冻鳞茎的冷库必须有良好稳定的制冷、保湿功能。少开库门，减少通风。

（1）冷冻温度　保持整个冷冻室温度一致特别重要。很小的温度差异都可能引起冻害或发芽。百合鳞茎要在下列温度下冷冻和贮藏：

亚洲百合杂种系－2.0℃

东方百合杂种系－1.5～－0.6℃

麝香百合杂种系－1.5℃

（2）冷冻时间　一般亚洲百合杂种系鳞茎可以冷藏1年。但贮藏时间太长(超过半年)的百合将减少花芽数，并会产生早期落蕾现象。东方百合杂种系和麝香百合杂种系最多贮藏7个月，超过7个月就会发芽或发生冻害。

（3）冷库条件要求

①冷库的墙壁　必须具有0.3W/($m^2 \cdot K$)的绝热水平。

②冷库内温度　库内温差在±0.5℃～±1℃内，库内温度较为均匀，每立方米的低温贮藏容积，必须具有30～60W的冷却容量。

③冷库内的CO_2浓度　CO_2浓度维持在0.1%范围内。

④空气流通　冷库必须具备自动的、低速的通风换气装置，保持库内有恒定的环流空气。

⑤环境监测设备　冷库内有测定温湿度仪器和CO_2自动测定仪器

图4-43　冷　库

（图4-43至图4-47）。

最新研究，超低氧的方式贮藏百合可降低球根的呼吸作用，相对的就可以将贮藏温度提高以避免冻伤发生。一般空气中氧气的浓度为20%，降低到1%～5%的低氧状况下，贮藏温度则可略微提高。但氧气浓度也不可太低，否则植物进行无氧呼吸会产生乙醇，反而会导致死亡。

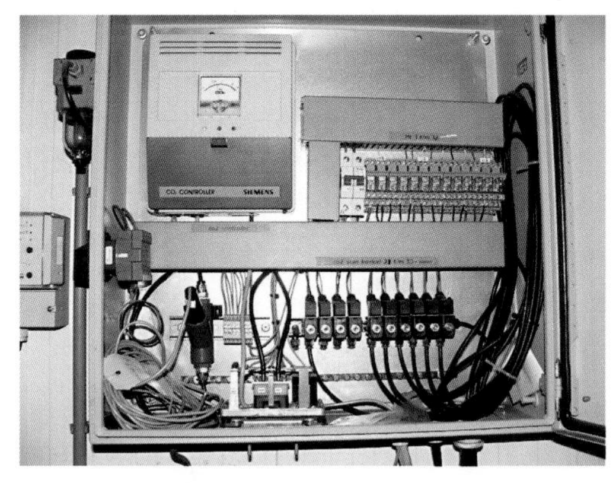

图4-44　CO_2自动测定仪器

图4-45　手工测定温湿度（每日两次）

图4-46　冷库中心测定温湿度仪器

图4-47　制冷和通风装置

（4）运输保鲜　刚采收的百合预冷装箱后，直接装入卡车中运输，20d内上市出售即可。对于贮藏过程中的百合运输，贮藏前期可直接从冷库中取出，装车运输；贮藏后期因耐贮性下降，宜采用保温车运输。目前生产中有的采用真空包装后再运输销售。运输温度保持在－2～1℃。

第五章

庭院百合栽培管理

一、露地栽培技术

1. 种植前准备

为了给庭院百合提供良好的生长条件，应选择稍有坡度的地块，以利于干旱时浇水和雨季排水。土壤质地宜疏松多孔隙、排水好，富含腐殖质，酸碱度呈微酸性或中性。在种植前6周对土壤取样分析，以获取土壤pH、EC和矿质营养总量等方面的资料，为今后施肥提供依据。

2. 土壤改良

植前15 ～ 20d进行深翻地，疏松土壤深达30cm。如果种植地的土壤不适宜百合生长要求，应采取措施进行改良，如含沙重或黏性强的土壤以及表土熟化不够的土壤可用腐熟马粪、稻糠、草炭混合物等来改良。大多数庭院百合要求土壤pH保持在6 ～ 7之间，土壤pH高，可在表土追施硫酸亚铁，使用量为10 ～ 15g/m^2，或硫黄粉50 ～ 75 g/m^{2}撒施与表土混匀降低pH。土壤pH低，在种植前用含钙的化合物（石灰、石膏）或镁基石灰化合物（白云石）混合土壤，经过试验确定化合物的用量，调节达到适合的pH为止。如果土壤含盐或含氯成分较高，应预先用水淋洗，尽量不要施用新鲜的有机肥料和过量的化肥。灌溉水的含盐量(EC)应低于0.5mS ／ cm，酸碱度（pH）应是6 ～ 7，高于此值，要用柠檬酸处理水达到要求为止。

3. 土壤消毒

熏蒸消毒，用40%福尔马林50倍液均匀喷洒（当土温达到10℃以上时），再用塑料薄膜覆盖土壤,7d（夏天3d即可）后，揭开塑料薄膜，释放有害气体，2周后可种植种球。杀菌药剂消毒，用5%辛硫磷颗粒剂每平方米10g的药土撒到土里拌匀，然后用70%土菌消2 000倍液 + 50%福美双400 ～ 500倍液喷洒土壤。

4. 种植规划

（1）种植地规划　根据景观设计要求，将种植地规划出种植床、道路、排水沟、灌溉打药系统，要求各系统不影响景观效果，使用方便，排水良好。

（2）种植品种规划　按照景观设计要求，根据品种类型、株高、花期、花色、花型等绘制品种定植图。定植图标明种植床位置、编号、品种名、株行距、色彩、种植宽度和数量等，种植区域严格按照定植图去实施。

5. 整地

用种植床种植时，地块要求平整，土壤细度适中。北方少雨地区应采用平床种植，根据景观设计需求，床面可以是条形、方形、圆形、三角形、弧形等。床面大小不定，南方多雨地区采用高床。床高15 ～ 30cm（视地下水位高低而定)。在种植百合之前施用17 ： 17 ： 17复合缓释肥每平方米30 ~ 50g和磷酸氢钙或粗骨粉每平方米40 ~ 60g。

6. 定植

（1）定植时间　根据庭院百合品种特性、花展时间和栽培条件而定。在常温下，亚洲百合、AzT百合、LA百合生长期为70 ~ 100d，东方盆栽百合、OT百合、欧洲百合生长期为90 ~ 140d，麝香百合、喇叭百合、TR百合生长期为80 ~ 110d。经冷藏处理的百合种球，若能满足其生长的温度要求，在一年内的任何时间均可种植。

（2）种球消毒　新球种植前用50%甲基托布津600倍液，或70%百菌清600倍液对百合种球进行消毒；二茬球，可用50%恶霉灵2 000倍液+25%多菌灵500倍液＋50%甲基嘧啶磷600倍液浸泡消毒10 ~ 20min，消毒后晾去表面水分备用。

（3）种球催芽处理　种植百合前，先将冰冻球放在10 ~ 15℃室内缓慢解冻。当环境温度适宜百合生长时，解冻后的种球应该立即种植；当环境温度不适宜（过高或过低）时，为了提高开花的整齐度，应在定植前先将种球催芽。方法是从冷库搬出种球箱后，首先打开箱内的塑料袋，并将其放在9 ~ 10℃条件下解冻，然后放在12 ~ 15℃恒温条件下催芽发根，期间要注意保持种球箱内基质湿度，一般10 ~ 15d时，种球就会长出新芽和新根，芽长达到3 ~ 5cm时即可种植。

（4）定植方法　定植时要求有足够的种植深度，即要求种球上方有一定的土层厚度，一般为10 ~ 15cm，比温室栽培要厚些。栽植后要充分浇水，使鳞茎上的根系与土壤紧密结合，以确保种球的发芽和生长。百合的种植密度随品种和种球大小等因素的不同而异（表5-1），适当密植可使庭院百合的茎秆挺拔。在光照充足地段，种植密度通常要高一些；在缺少阳光的地段，种植密度就应适当低一些。

表5-1　不同品种不同规格庭院百合种植密度

品种名称	种球规格（cm）	种植密度（株距 × 行距）（cm）
亚洲百合	9/10	12 × 12 或 12 × 14
	10/12	15 × 15 或 14 × 16
	12/14	16 × 16 或 15 × 18
AzT百合	12/14	15 × 15 或 14 × 16
	16/18	16 × 16 或 15 × 18
	18/20	18 × 18 或 16 × 20

（续）

品种名称	种球规格（cm）	种植密度（株距×行距）(cm)
东方盆栽百合	16/18	15×15 或 14×16
	18/20	16×16 或 15×18
	20/22	18×18 或 16×20
LA百合	10/12	18×18 或 18×20
	12/14	20×20 或 20×22
	14/16	22×22 或 20×25
麝香百合	10/12	15×15 或 15×18
	12/14	16×16 或 16×18
	14/16	18×18 或 18×20
喇叭百合	16/18	18×18 或 18×20
	18/20	20×20 或 20×22
	20/22	22×22 或 20×25
TR百合	16/18	20×20 或 20×22
	18/20	22×22 或 20×25
	20/22	25×25 或 25×30
欧洲百合	16/18	18×18 或 18×20
	18/20	20×20 或 20×22
	20/22	22×22 或 20×25

7. 灌溉管理

种球种植后至茎生根萌发之前，要保证土壤湿润。检测土壤或基质湿润度的简易方法是用手紧握一把土，若几乎能挤压出水滴来则表明湿度可以，须经常检查土壤中水的分布情况，一般要求保证水分深入土壤20cm以下，北方盐碱地要用柠檬酸处理水灌溉。

百合在整个生长过程中，要保证土壤润而不湿。天气干旱时，要及时为植株补水；在多雨季节，要及时排水。在花茎迅速伸展期、孕蕾期及开花期，尤其要保持土壤适当湿润。开花后应控制水分。总之，要避免土壤出现过度潮湿、淹水和干燥板结等现象。

8. 施肥管理

（1）萌芽期管理　在种球定植至出苗前3周，这一时期原则上不给土壤施肥，3周后开始施肥。当植株高度达到20cm时，按氮肥：磷肥：钾肥比例为

10 ∶ 15 ∶ 10追施肥料一次，使用量为40 ～ 60g/m^2；叶面喷肥，喷0.1%花无缺肥（20 ∶ 20 ∶ 20）一次。

（2）营养生长期　按氮肥∶磷肥∶钾肥∶钙肥∶镁肥比例为10 ∶ 1.7 ∶ 13.8 ∶ 6.4 ∶ 0.34，追施肥料，每15 ～ 20d施一次，每次80 ～ 100g/m^2，硝酸钙单独施用，共追2次肥。间隔7d叶面喷肥，喷0.1%花无缺肥（20 ∶ 20 ∶ 20）1 ～ 2次。

（3）生殖生长期　现蕾到开花，按氮肥∶磷肥∶钾肥∶钙肥∶镁肥比例为10 ∶ 5 ∶ 15 ∶ 9.5 ∶ 3.5，每10 ～ 15d施一次，共追两次肥，每次100 ～ 120g/m^2，硝酸钙单独施用。叶面喷肥，在植株现蕾喷施0.1%硼酸1 ～ 2次或喷0.1%花无缺肥（20 ∶ 20 ∶ 20）一次。

（4）花后期　在植株叶片没有开始枯黄以前，要不间断施肥。这一时期以P、K、Ca肥为主，硝酸钾：硝酸钙（2 ∶ 1）每次20 ～ 30g/m^2；磷酸二氢钾：磷酸铵（4 ∶ 1）每次30 ～ 40g/m^2。如果土壤干燥，施肥后马上浇水，直至所施的肥料全部溶解为止。

安全施肥注意事项：溶水浇灌的肥料浓度以0.3%为宜，叶面喷施的浓度以0.1%为宜。干施肥料需与细沙或细土混合均匀再撒施，严禁从植株顶部供肥，避免肥料接触植株茎秆。对土壤至少进行一次肥力检测，土壤有效肥料的含量应该确保萌芽期EC在1.2 ～ 1.7mS/cm之间，营养生长期EC在2.0 ～ 2.5mS/cm之间，生殖生长期EC在1.8 ～ 2.3mS/cm之间。如果发现EC范围不符合植株的生长，应立即制定相应的调整方案。

9. 中耕除草

（1）人工除草　春季百合幼芽萌动时，正是杂草生长的季节，这时要结合中耕进行除草，中耕时，必须在清晨或傍晚进行。特别注意防止碰伤幼芽。中耕宜浅不宜深，防止伤根。

（2）除草剂除草　使用较为普遍的是禾耐斯和拔绿这两种除草剂。

禾耐斯是一种旱地土壤处理或播后苗前土表封闭的选择性草前除草剂，以其高效、低毒、安全、低成本而成为世界上土壤处理除草剂的主要品种。除草对象：一年生禾本科杂草和苋科、藜科、莎草科、菊科、马齿苋科、石竹科、茜草科等一些小粒种子萌发的阔叶杂草。施药方法：在百合种植浇水后，用禾耐斯除草剂，每667m^{2}药液使用量为40 ～ 60ml（即每667m^{2}兑水30 ～ 50kg），均匀喷施种植床面即可。禾耐斯在土壤中的持效期一般为8 ～ 10周，施用禾耐斯后再长出的杂草多是零星分布。

拔绿是目前全球高尔夫球场养护中应用最广泛的封闭性芽前除草剂，通过在有丝分裂的过程中抑制细胞分裂来杀死新生杂草的幼芽和根系，具有持效期长，无色无污染、防草谱广、稳定性好等诸多优点，在百合芽出土

20cm左右，也可用拔绿除草剂，每喷雾器水加15g拔绿对种植床面和排水沟均匀喷施。

10. 百合防寒越冬

庭院百合类型多，大部分品种在北方能自然越冬，少部分品种越冬有问题。为了提高庭院百合耐寒性，百合进入生长后期，要加强管理控制氮肥，多施磷钾肥和钙镁肥；进入休眠期在土壤上冻前灌一次防冻水，提高土壤湿度，减少冻害。冬季寒流来临前种植床面覆盖草帘或地膜防寒，翌年4月清除覆盖物。

11. 轮作倒茬或客土改良

庭院百合种植3 ～ 5年后，植株长势变弱，密度变大，高低不齐，病虫害严重，影响观赏效果，必须要换地重种。选前茬最好是豆、瓜或麦、稻作物的地块，最忌葱、蒜类地块。轮种年限最少在2 ～ 3年以上。轮作倒茬是防治土传病害的关键措施，充分利用土壤养分，抑制病虫害发生。如果没有土地可换，要用客土将耕作层土壤换掉。

二、箱栽技术

为了景观要求和搬运方便，可以采用箱栽百合。箱栽百合有以下优点：便利百合花期调控，箱栽百合摆放到冷库里，可以控制温度来促成或抑制花期，达到布景要求；有利于在特定的生根室内生根处理，能够保证在炎热的夏天生产出优质百合花；箱栽百合搬运方便，可以在景观布置中起到画龙点睛的作用（图5-1）。

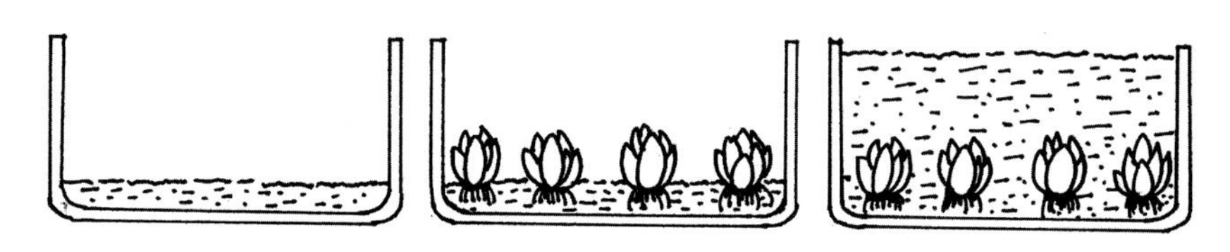

图5-1　箱栽百合示意图

1. 箱栽基质

通常箱栽要求保水好且疏松的基质。常用的箱栽基质有园土：泥炭：珍珠岩为1 ： 1 ： 1的混合基质，或园土：泥炭：粗沙为1 ： 1 ： 1的混合基质。

2. 品种及鳞茎选择

一般来说，箱栽百合应选择植株低矮，适宜长期冷藏的品种。通常，栽

培亚洲百合、AzT百合、LA百合的成功率要远远大于东方百合。此外，还应注意选择发育好、无病斑的百合，在冷藏期间没有发芽的鳞茎。

3. 种植方法

种植箱可选用贮存百合鳞茎的标准塑料箱，其体积为60cm × 40cm × 15cm，箱底必须漏空，以利水分渗漏和根系透气，但孔隙不宜大于1cm，否则基质将外漏。也可用木板或金属材料制作，但体积不宜太大，否则搬动转移时不方便。另外，还应注意种植箱的坚固性，以免搬动中损坏。

种植时，鳞茎的下面至少有2cm厚的土壤，鳞茎的上面至少有8cm厚的土壤层。土层越厚，浇水时的缓冲就越大。鳞茎下的土壤其主要作用是在种植期间支撑鳞茎，以保证鳞茎有一个好的表面分布，鳞茎上的土壤层是百合茎根分布的区域。因此，必须始终保持不小于8cm厚的土壤层。种植密度与露地栽植相同，一般每个标准塑料箱可种植8 ~ 12个鳞茎。鳞茎种植后应立即浇足水，待种植箱内水分渗出后，就可将其放进生根室。

4. 生根处理

同露地栽培中催芽，为了保证幼芽的生长，种植箱最好呈十字交叉放置，而不是一个一个垂直重叠放置（图5-2），这样鳞茎和茎根的生长发育能在理想温度下进行。

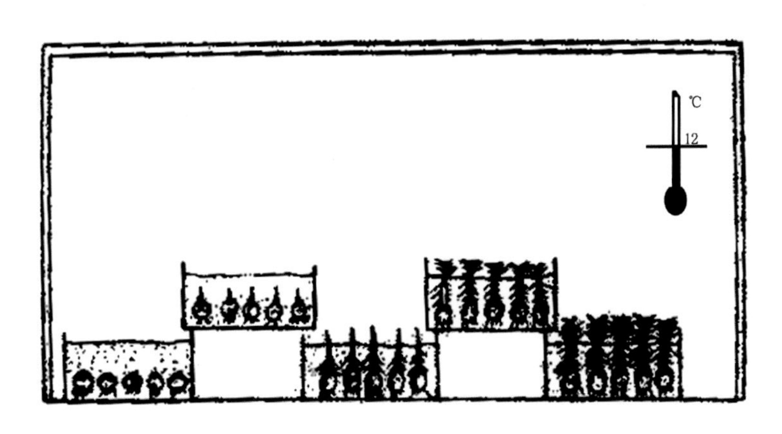

图5-2　百合鳞茎生根处理

生根室的温室应控制在12 ~ 15℃，在这一温度范围内，百合根系会加速生长。一般在种植后经过3 ~ 4周百合茎根就可生长出来。同时，在这个阶段，幼芽也可长出土壤表面8 ~ 10cm。此时，根据外界气温高低，确定是否运到露地或温室栽培。

在生根处理阶段，生根室的温度和通风状况的好坏至关重要。要有专人负责生根室工作情况的检测和调控，及时排除故障，确保正常运转。

5. 养护管理

（1）温度管理　庭院百合一般耐寒性较强，而耐热性差，喜冷凉湿润气候，生长适温白天为20 ～ 25℃，夜晚为10 ～ 15℃，5℃以下或28℃以上生长会受到影响。通常箱栽百合生长时期正是夏季最炎热的季节，一般室外白天温度都在30℃以上。降低栽培环境温度是第一位的。降温的措施可以用遮阳网遮阴以降低栽培环境温度，促进百合植株的生长。如果箱栽百合在温室养护，除用遮阳网外，也可启动风机水幕系统降低室内温度或采用喷灌系统降温，起到增加空气湿度之效。

（2）肥水管理　为了利于百合茎根的生长，一般箱栽百合的栽培基质中施用17 ： 17 ： 17复合缓释肥，每箱10g和粗骨粉每箱10g，与箱土拌匀。

追肥的原则是生长前期以追施氮磷肥为主，生长后期以钙、钾肥混合追施，孕蕾期适当补充硼、镁、钾肥的用量，详情参考露地施肥技术。

箱栽百合水分控制十分重要。由于种植箱内水分渗透速度快，栽培基质与空气的接触面大，土壤水分损失比其他栽培形式都多。因此，要及时给予补充，保证百合植株生长发育过程中对水分的需求。浇水必须将箱内基质浇透，不能浇“拦腰水”。一般保证每周浇一次透水，气温高时每周浇水2 ～ 3次。

（3）其他管理　箱植百合的鳞茎覆土厚度须大于8cm，在栽培中往往由于浇水过程中的冲刷，致使栽植箱中土壤厚度减少，从而影响百合根系的正常生长。因此，要求在栽植鳞茎时尽量使其上部的覆土厚些。另外，在向种植箱浇水时，应尽量采用压力小的容器慢慢灌，切忌用压力大的水管浇水，以避免将箱内基质冲涮出去。

三、盆栽技术

1. 盆栽基质

同箱栽基质。

2. 盆栽方法

选择花盆规格。一般12 ～ 14cm口径花盆，定植百合鳞茎1个；16 ～ 18cm口径花盆，定植百合鳞茎3个；20 ～ 22cm口径花盆，定植百合鳞茎5个。鳞茎必须种植到盛有1cm栽培基质的花盆底部，种1个鳞茎直放，芽尖向上，覆盖栽培基质8 ～ 10cm；种3 ～ 5个鳞茎，要平放，芽尖朝向花盆的外部，根系向花盆的中部。鳞茎要平放均匀，上面覆盖栽培基质8 ～ 10cm。定植完成后要浇一次透水，确保盆栽基质彻底湿透(图5-3至图5-7)。

3. 肥水管理

每立方米盆栽基质添加1 ~ 1.5kg的17 ： 17 ： 17复合缓释肥和粗骨粉2 ~ 3kg，与盆土拌匀。植株生长期，每周喷0.1%花无缺肥（20 ： 20 ： 20）1次，生长后期补充钙、钾混合肥。浇水根据盆土湿度，保持湿润即可。

4. 花盆摆放

花盆摆放距离要合适，保证盆花有充足光照和通风条件，减少百合病虫害的发生。

图5-3　盆栽百合
（1个种球的种植方法）

图5-4　盆栽百合
（3个种球的种植方法）

图5-5　盆栽百合
（3个种球）

图5-6　盆栽百合现蕾
（3个种球）

图5-7　可出售的盆栽百合
（3个种球）

第六章

百合病虫害及防治

一、病害

1. 百合灰霉病

灰霉病是百合栽培中常见的病害，由*Botrytis elliptica*引起。主要危害叶片，也侵染茎、花。叶片上出现圆形或椭圆形的病斑，大小不一。在危害部位长出灰色霉菌，可以通过风雨、气流传播(图6-1)。

图6-1　百合灰霉病

防治方法：清除、焚毁带病残体，保持清洁的栽培环境；温室中要注意通风换气。预防灰霉病，百合出苗后要开始喷波尔多液，保护叶片，一般7 ~ 10d喷一次，一般使用1 ∶ 1 ∶ 200（硫酸铜∶生石灰∶水）的浓度。发病初期喷施50%速克灵1 000倍液，或50%多霉灵1 000倍液，每隔7d交替使用，连续2 ~ 3次，均能有效地控制灰霉病的发生。

2. 百合茎腐病

症状主要出现在茎根部位，开始引起植株下部叶片死亡，后向上发展，造成上部叶片死亡。症状向下发展，表现为茎根坏死，鳞茎盘腐烂，严重时造成整个鳞茎腐烂。该病害主要由尖孢镰刀菌(*Fusarium oxysporum*)、柱盘孢菌(*Cylindrocarpon radicola*）和腐霉菌（*Pythium*）复合病原菌引起的(图6-2，图6-3)。

图6-2　百合茎腐病在鳞茎上的症状

图6-3　百合茎腐病在植株上的症状

防治方法：鳞茎采收、包装时，避免鳞茎损伤；选用无病鳞茎作为繁殖材料；种植前用40%的福尔马林100倍液进行土壤消毒；发病初期可用25%甲霜灵800倍液喷洒2 ～ 3次或50%代森铵200 ～ 400倍液灌根。

3. 疫病

疫病又称脚腐病。该病危害百合近地面的根茎部，受害部呈水渍状，后变褐色，并皱缩，根茎坏死、植株枯萎，茎从受害处折断而猝倒死亡。该病害是由立枯丝核菌(*Rhizoctonia solani*)、疫霉菌(*Phytophthora cactorum*)和腐霉菌(*Pythium*)复合病原菌引起的。病菌以卵孢子随病残体在土壤中生存，土壤排水不良、潮湿发病严重(图6-4)。

图6-4　百合疫病

防治方法：百合种植后要做好田间排水，保证土壤良好透气性能，防止土壤盐分和pH过高或过低，以促进根系强健生长，增强植株自身抵抗能力，发现病株及时清除并销毁；在栽培管理过程中，避免碰伤茎根部位；茎干出土用甲基硫菌灵500倍液或代森锰锌100倍液或甲霜灵500倍液等药物定期预防。发病初期可喷洒40%的乙膦铝300倍液或25%的瑞毒霉1 500倍液防治。

4. 百合病毒病

百合病毒病主要为花叶病毒(CMV)、无症状病毒(LSV)、斑驳病毒(LMOV)等的侵染，病毒病引起一系列的病症，严重时造成病斑、组织坏死(图6-5)。

图6-5　百合花叶病毒病

防治方法：一是清除感病植株并焚毁，并选留无病毒植株留种；二是严格防治蚜虫、蓟马等危害，采用矿物油在百合生长的早期使用，效果极为明显，每周或10d喷洒1次，直到没有新叶出现为止。

二、生理病害

1. 日烧病

日烧病也称叶烧病，多在肉眼尚未见到花芽时就发生。开始幼叶稍向内卷曲，数天后受害的叶片上出现黄绿色到白色的斑点。严重的话，白色斑点转变成褐色，叶片焦枯(图6-6)。

图6-6　百合日烧病

这是由于植株吸水和蒸发之间的平衡被破坏后，而造成叶片焦枯，是吸水不足或蒸腾过快，引起幼叶细胞缺钙，细胞被损伤而死亡。也和土壤中盐含量高、根系差、相对生长过快等有关。

防治方法：应选用不易得日烧病的品种，若只能采用此类品种，也应尽量不用大鳞茎，种植应选有良好根系的鳞茎。为防止过速生长，对较敏感的百合品种，最初4周应保持土壤温度在10 ~ 15℃，通过遮阴避免过度的蒸腾，晴天可一天内喷几次水。此外，对危害根系的病虫害要有效地控制。

2. 落蕾

落蕾也称盲花，当花芽长到1 ~ 2cm时会出现落蕾，花蕾的颜色转为白绿色，同时与茎相连的花梗缩短，随后花蕾完全变为白色并变干脱落(图6-7)。

图6-7　百合落蕾

这是在光照缺乏的条件下，芽内的雄蕊产生乙烯，而引起花蕾败育。如果土壤干燥，根系生长条件差，则会加剧危害。

防治方法：首先应掌握百合品种的特性，不要将喜光品种栽植在光照差的环境下。当第一朵花蕾长到1cm长时，用硫代硫酸银(STS)1.0mmol / L药液喷洒花蕾可防止花蕾败育。

3. 畸形花

畸形花也是百合经常发生的一种生理病害。尤其在麝香百合栽培中常发生。特别是在昼夜温度变化太大、干湿悬殊时，患病植株表现花瓣分离开裂。在花蕾形成后，要特别注意花蕾温度和湿度的变化，保持较稳定的状态，喷药、施肥时避开花蕾，可以减少畸形花(图6-8)。

图6-8　百合畸形花

三、虫害

1. 蚜虫

蚜虫主要危害百合茎秆、叶片，特别是叶片展开时，蚜虫寄生在叶片上（图6-9），吸取汁液，引起百合植株萎缩、生长发育不良、花朵畸形，同时传播各种病毒。蚜虫发于高温干旱的春末夏初和初秋。

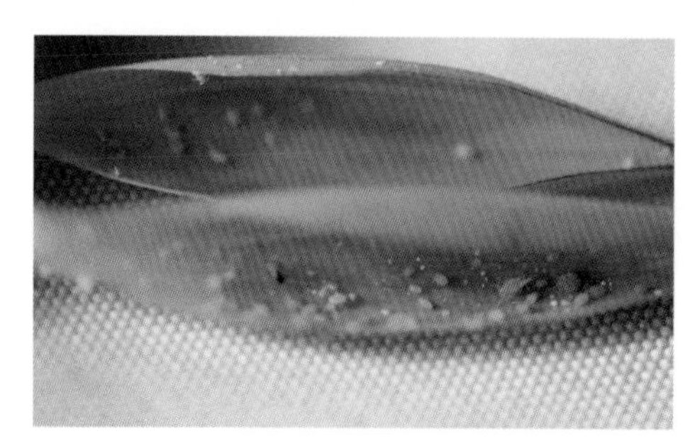
图6-9　蚜　虫

防治方法：清除杂草，因为杂草常作为蚜虫的寄主；剪除严重受害的叶片、茎秆，并集中焚毁；喷洒1 000倍吡虫啉或1 000倍啶虫脒药液防治。

2. 蓟马

蓟马危害季节一般为4 ~ 8月，成虫和若虫吸食百合嫩梢嫩叶、花和幼果的汁液，被害枝叶硬化、萎缩。早期危害不易发现，故需加强田间观察。

防治方法：用1 000倍溴氰菊酯或1 000倍吡虫啉药液喷洒植株防治，也可根据蓟马趋黄性在田间设置黄色粘板诱杀成虫。

3. 刺足根螨

啃食地下鳞茎，诱发鳞片腐烂、造成地上部叶片枯黄，严重时抑制全株的生长发育。成虫及幼虫均喜生活潮湿环境(图6-10)。

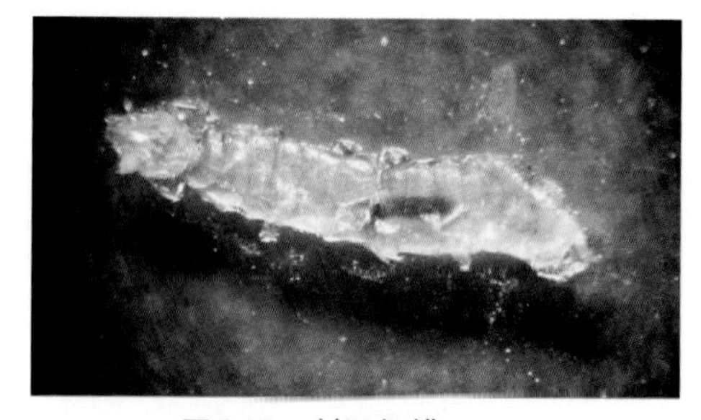
图6-10　刺足根螨

防治方法：种植前，将鳞茎

于39℃热水浸泡2h或用50%多菌灵500倍液+50%甲基嘧啶磷600倍液浸泡8～10min。种植后，用1 500倍的三氯杀螨醇浇灌；整个生长期内保持土壤良好透气性及排水性，严禁土壤过度潮湿、积水和施用农家肥，进行轮作，防止百合根螨传播。

4. 蛴螬

蛴螬乳白色，头橙黄色或黄褐色，体圆筒形，整体呈C形卷曲（图6-11），为金龟子的幼虫。危害百合的鳞茎、基生根，使其植株萎蔫枯死。

图6-11　蛴　螬

防治方法：冬季种植地要深翻，将幼虫翻出地表冻死或人工捕杀；不用或减少使用有机肥；采用40%毒钉、50%辛硫磷乳油1 000倍液，或80%敌百虫可湿性粉剂 800倍液灌根，7月中下旬幼虫孵化盛期每667m^{2}用40%毒钉、50%辛硫磷乳剂250g，兑干细土20～25kg，拌匀撒施，结合中耕，锄入土中，防治幼虫有较好的效果。

第七章
庭院百合应用与装饰

“回归自然，建设美丽中国，加强生态文明建设”，已成为当前全国人民的共同呼声与迫切愿望，建造生态城镇，发展休闲农业，以及开发绿色旅游业，举办各种花展，已成为当前社会热点。庭院百合不仅种类繁多、花大、色彩鲜艳，自然花期5～8月，大多数品种能自然越冬，而且种植养护简便，种一次能连续观赏3～5年，是园林绿化中一种新兴材料。庭院百合可以应用于园林专类园、节日花海、花境、花坛和林下种植等，若与其他宿根花卉巧妙搭配，能达到更好的效果。庭院百合有些品种植株高大，类似于灌木，常与庭院中的树木、花草配置在一起，可以形成很好的景观效果。

一、专类园

百合专类园是指具有特定的主题内容，以百合为主要构景元素，以百合的收集、展示、观赏为主，兼顾生产、研究的百合主题园。

1. 专类园类型

根据建园的目的及服务对象的不同，庭院百合专类园可以分为以下5种基本类型：

（1）公园型专类园　以面向大众赏花为目的，品种上多为适合当地生长的百合品种，因地制宜、结合历史人文因素、具有地方特色等（图7-1）。

（2）科普型专类园　是以收集整理百合品种资源、结合育种、开展百合科学研究进行百合新品种国际登录等，兼具旅游和科技开发任务的专类园（图7-2）。

图7-1　无锡蠡湖公园百合展区

图7-2　北京延庆球根花卉资源圃

（3）庭院型专类园　以作为建筑的附属绿地为目的，选择形态较大、花色艳丽的品种，此类专类园一般体积较小，多为庭院建筑或别墅类建筑庭院景观的重要组成部分（图7-3）。

图7-3　建筑庭院内的百合

（4）山林型专类园　多出现在大的风景名胜区内，结合自然地形和原有景观特色，形成气势宏大的百合景观（图7-4）。

图7-4　林地下的百合

（5）婚纱摄影专类园　百合具有“百年好合”“白头偕老”“花好月圆”等美好寓意，是婚庆活动中不可缺少的重要花材，如新娘捧花、新娘发饰插花以及新婚艺术插花、婚礼花车等均离不开百合切花，用百合创造的特有景观效应作为婚纱摄影基地同样受欢迎（图7-5）。

图7-5　百合婚纱摄影

2. 专类园设计原则

（1）百合专类园的园址应根据建园的目的与功能选择合适的地理位置，确定适宜的规模，以满足服务对象的需求。专类园要有很好的可达性，要满足人们休闲、娱乐、游览、交流、教育和感受自然等功能。

（2）百合专类园景观设计中要充分挖掘当地现场资源特质，发掘丰富历史文化特征，营造极具特色的百合主题精神；扎根于当地独特的历史文化和地域环境，营造出体现场所精神，体现地域文化氛围与百合主题相融合的独特景观。

（3）庭院百合景观具有一定的持续性，应根据不同的地域环境合理选择适宜的品种。庭院栽植百合，通常是一经栽植多年欣赏。因此，应选择适宜当地气候、土壤环境条件和适宜的品种。北方要选择亚洲百合、麝香百合、AzT百合和LA百合可以安全越冬，南方可选的品种多，大多数品种都能安全越冬。

（4）不同类型的百合花开观赏期有差异，亚洲百合15 ～ 20d；东方百合30 ～ 40d，麝香百合25 ～ 35d，AzT百合40 ～ 50d，群体越大观赏期越长，开花期气温越低观赏期越长。一般庭院百合栽植在林下或灌木丛下，为百合生长创造较凉爽的遮阴环境，可以延长花开观赏期，特别是炎热夏季表现明显。

（5）百合的种植地宜选择通风、半阴半阳的地块。百合最怕水涝，在坡地、台地或岩石园等具有缓坡地形的场地，最适合百合生长（图7-6）。百合与草坪配置，景观效果很好，但是由于草坪匍匐根茎的蔓延，在土壤表层10多厘米内缠结成草垫状根群，会严重影响百合鳞茎的正常地生长发育，因此要设置隔离带，在分界处应填充金属或塑料条板阻隔根系，以防互相干扰。

图7-6　缓坡种植庭院百合

（6）百合与乔木、灌木配置，与富于野趣的宿根野生花卉配置，均能形成原生态景观。选择几个百合品种混播，种植在疏林草地下原生态景观效果更好。

3. 庭院百合专类园设计要点

（1）功能分区　合理进行功能分区，不同类型专类园其功能分区上存在一定的差别。公园型专类园，将观赏、科普、休闲融为一体；科普型专类园，应以科普为主体，品种区域空间要大，收集品种要多，科普区要与观赏区、休闲区分开设置；庭院型专类园，以观赏为主，结合庭院建筑风格，选株型高大，花型优美，抗病耐热品种，主要展示这类百合品种的个体与群体美；山林型专类园，多建立在风景名胜区，面积大，应以休闲为主，根据地形地貌特点选各种类型品种；婚纱摄影专类园，以观赏为主，多选择在风景优美的湖畔和大草坪处种植，选株型优美、花大、色艳或纯白有香味的品种，这类百合专类园最为大众所喜爱。

（2）品种分区　目前庭院百合培育的新品种约十余个类型600多个品种，在颜色、花型、株型上差异都较大。大型百合园常按照不同的品种类型进行景观分区，将晚花品种与早花品种分开，花期集中的连片栽植，可延长群体花期，形成交替开花的优美景观。

（3）景观骨架　庭院百合专类园的设计上应贯穿一个主题，运用园路、建筑等将园内不同分区的景观连接起来，使整个景观形成一个整体。设计时可通过地形改造或利用园内已有山丘或堆石形成全园的制高点，在制高点处应设置专门的观景平台，通过观景平台达到鸟瞰全园景观的目的。园路设计上，应使其分布有远有近，使人们能近观百合神态、花色、花形、花姿，嗅其香味，而远视则给人开阔的视野，画面感更强。在亭、廊、榭、坐椅等休息设施设置时，要充分考虑到游人的视角，让他们在休息时眼前有百合景观可赏；也可在亭台、回廊等内摆上几盆百合盆花或插花，再配以与百合有关的字画等营造宁静的风情。

（4）淡季景观提升　百合的自然群体花期一般为5～8月，无花期长达4～7个月，可通过种球冷藏，调整种植时间来调控花期或延长花期；也可以和宿根花卉及一、二年生花卉配合延长花期，精心设计专类园内景点，并抓住重大节日举办百合花展；利用百合食用、药用和提炼香精等实用功能，以增加专类园的经济效益。

（5）景观节点　景观节点的设置可使专类园景观丰富多彩，可以在池畔、桥头、岩坡或与建筑相互辉映形成一个个独立的景观。这些景观可以由各种百合盆栽、雕塑配置而成，也可与其他植物、山石合理配置形成具有特定意境的景观节点，最终通过园路连接成一个整体，让观者感受到独特的意境。

山林型专类园景观规划效果图制作方法见图7-7。

区位关系图

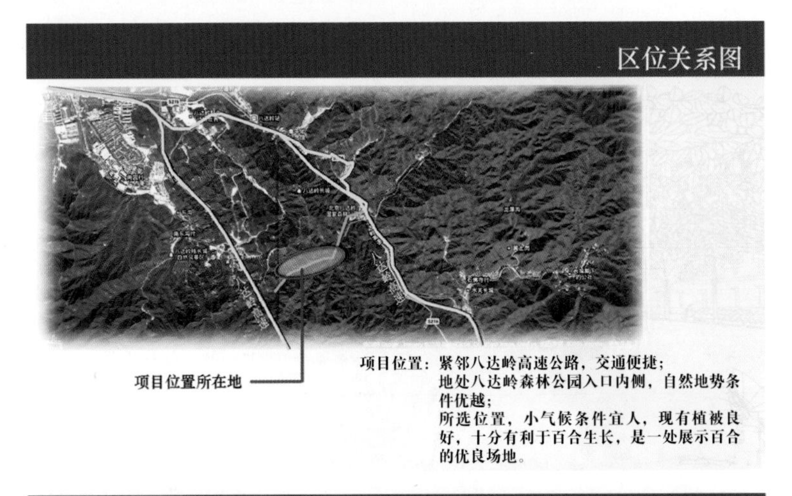

项目位置所在地

项目位置：紧邻八达岭高速公路，交通便捷；
地处八达岭森林公园入口内侧，自然地势条件优越；
所选位置，小气候条件宜人，现有植被良好，十分有利于百合生长，是一处展示百合的优良场地。

平面布局图

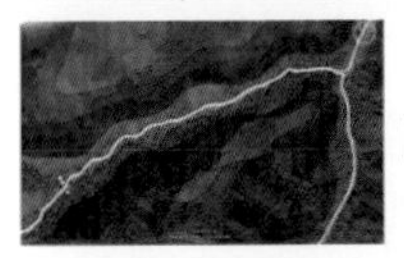

现有地形　东西约700m

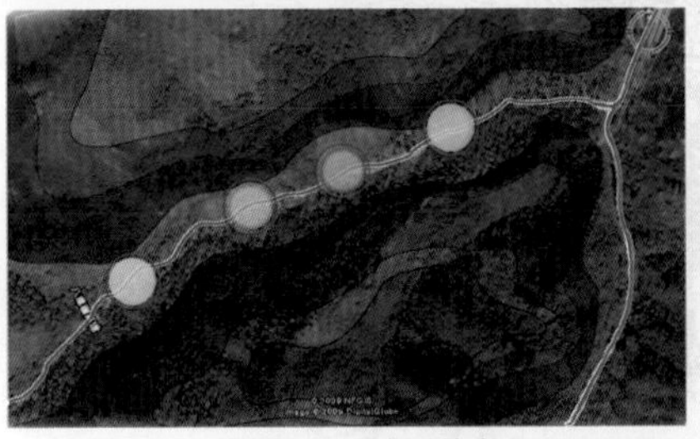

根据现有地形，在东西长约700m的空间中选取4个组团，营造不同的主题特色。

每个组团，以一种百合系列品种为主，结合现有场地中置石、丛林等景观，共同打造出一条景观特色鲜明的百合石韵廊。

主题：　百合石韵廊

花语石韵组团　浪花如歌组团　叠石花境组团　石峰花海组团

石峰花海组团

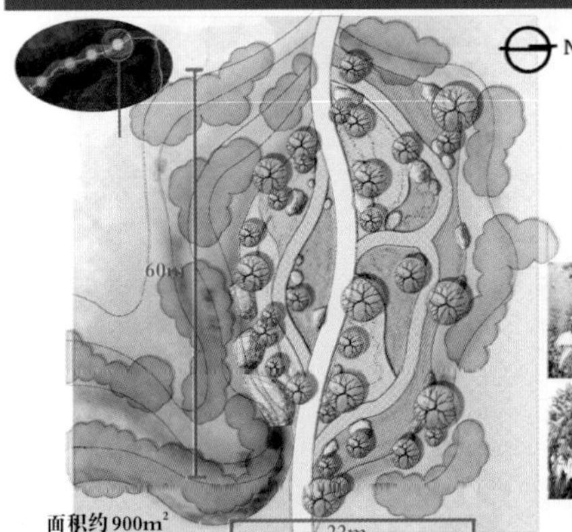

面积约900m²

百合品种：OT百合和LA百合

OT系列百合具有花苞大、花茎粗壮、容易栽培和开花早等特点。保鲜期长、栽培期更短，同时对某些病害有更强的抗性。

LA系列百合品种，在抗病毒性和色彩艳丽程度上具有很大优势。

OT百合和LA百合图片

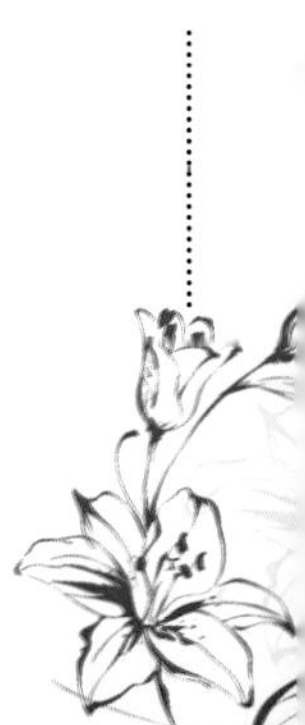

石峰花海组团

叠石花境组团

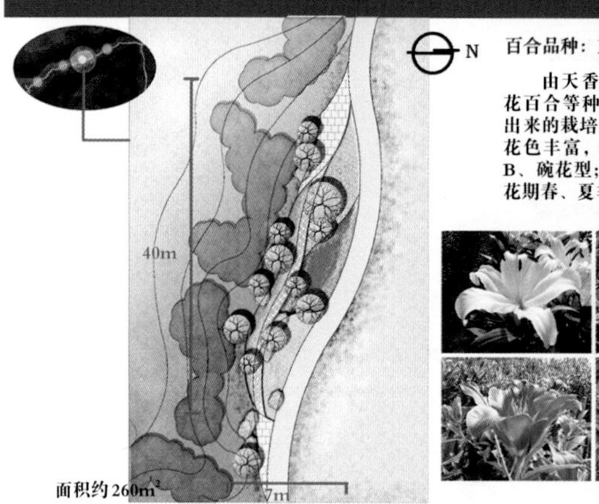

百合品种：东方百合。

由天香百合、鹿子百合、日本百合、红花百合等种和它们与湖北百合的杂种中选育出来的栽培杂种系。球根花卉。叶片披针形。花色丰富，花型可分为4组：A、喇叭花型；B、碗花型；C、平花型；D、外弯花瓣花型。花期春、夏季。

东方百合图片

叠石花境组团

浪花如歌组团

百合品种：麝香百合。

麝香百合花洁白，基部带绿色，形如喇叭，花筒较长，外形似炮筒，有铁炮百合之称，气味清甜芳香，株形端直，花色纯白，形状优美，香气袭人，给人以洁白、纯雅之感，在中国又寓有百年好合的吉祥之意。

N

90m

22m

面积约1 200m²

麝香百合图片

浪花如歌组团

花语石韵组团

百合品种：亚洲百合。

亚洲百合由卷丹、垂花百合、川百合、朝鲜百合等种和杂交群中选育出来的栽培杂种系组成。鳞茎近球形。叶片披针形。花色丰富，花型姿态分为3类：（1）花朵向上开放；（2）花朵向外开放；（3）花朵下垂，花瓣外卷。花期4～5月。

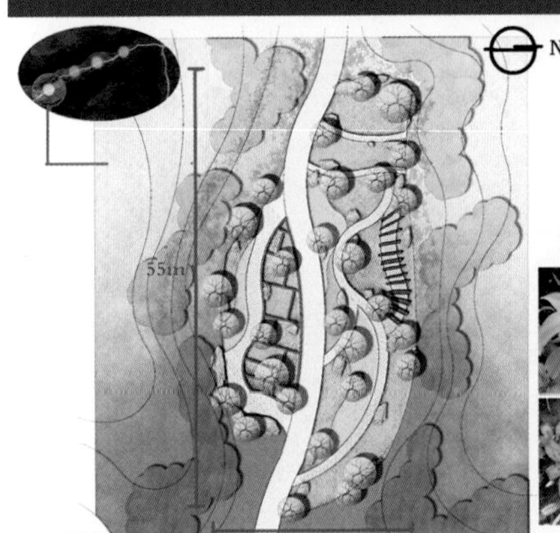

面积约800m²

亚洲百合图片

花语石韵组团

指示系统示意图

花卉小品设计图

图7-7　八达岭森林公园百合展区景观规划效果图

二、节日花海

花海即用一种或几种花卉、农作物、花灌木等，大面积连片种植，形成大地花海（花田）景观。花海比专类园的面积大，小者上百亩，大者上万亩。借用花海景观，打造现代生态观光基地，推动花卉和经济作物产业及旅游业的发展是当前我国经济发展方向。庭院百合很适合建造节日花海，因品种繁多，花大色艳，花期容易调控，在短期内可以形成花海景观。春节期间适合室内或温室举办花海展，国庆、中秋、端午等节日，可以在露地举办花海展，即便是在炎热的7～8月也能在室外举办花海展。

每逢春节、国庆节、中秋节、端午节，全国各地举办花卉文化节，让市民游客度过一个快乐的假期，不出远门便使生活更加丰富多彩。花卉文化节也称为精神大餐，能够营造温馨祥和的节日氛围。节日期间带着家人来看看花海，感受花卉的生命力，不仅释放了平日紧张的精神压力，同时还能了解花文化、科技创新、低碳环保等科普知识。

近年来，中国各地举办百合花海展，如湖南长沙香水百合节，于2014年7月5日至8月30日在浏阳市AAAA级景区大围山国家森林公园举办。展出品种超过180种，数量100万株，总面积达10hm^{2}的百合花海，呈现出融观赏性、艺术性、专业性、商业性、趣味性和知识性于一体的综合性展会。此次百合花展由西诺公司荷兰专家指导，专业的设计规划团队精心设计，充分考虑大围山森林公园滑雪场的地形地貌和已有的森林景观的基础条件，以及游客的观赏、运动、娱乐及休息需求，整体划分为一场和三区。一场：百合夏季滑雪场，以“百年好合”为寓意的百合花与荷兰风情建筑结合，寓情于景，提高游客的观赏体验和幸福感受。三区：包括平原区、林地区、山顶区。

（1）平原区　利用百合花组成的花带、花团、花墙进行划分，形成以音乐节、露营、烧烤等娱乐活动空间，让游客犹如置身在花的世界中，感受芬芳、浪漫、放松的氛围（图7-8）。

图7-8　百合花带

（2）林地区　结合滑道地形，顺势而上，在滑道上设计一片百合花海，各种颜色的百合大片种植，形成壮

观震撼的景观效果。在滑道两侧，则在林下点缀部分小面积百合花，让游客沿着登山路也能欣赏到百合的花姿（图7-9）。

图7-9　百合花海

（3）山顶区　山顶区设计成情侣见证“海誓山盟”爱情的之地。该区将百合作为主要素材，设计几个以恋爱婚姻为主题的空间，提供给上山游客俯瞰山下美景的观景平台和休息停留的场所（图7-10）。

图7-10　山顶百合景观

2014年北京延庆世界葡萄大会百合园占地$2hm^2$，规划了4个景区：“百合与伞”“百合与帐篷”“山花烂漫”“大地花海”。

（1）“百合与伞”区　在平坦的大草坪上，稀稀落落规划12个方形百合种植模块，每个模块中间配置一个白色四椅太阳伞，供游人在五彩缤纷的百合区远望休憩，现代时尚的商务气息浓郁（图7-11）。

图7-11　百合与伞

（2）“百合与帐篷”区　在平坦的大草坪上，疏密有致的设置8个月牙形百合种植模块，每个模块中间配置一顶彩色帐篷，供儿童游玩戏耍，体现童年天真浪漫气息（图7-12）。

图7-12　百合与帐篷

（3）“山花烂漫”区　在林间混播各种品种百合，不规则种植，似乎让百合回到野生状态，在白桦林中，成片的五彩缤纷的百合营造出浓郁的烂漫气息（图7-13）。

图7-13　山花烂漫

（4）“大地花海”区　大面积缓坡，各色百合条带种植，营造震撼的花海氛围（图7-14）。

图7-14　大地花海

2015年6月26日至7月30日，北京举办了首届百合文化节和第四届荷兰百合日活动，地址在延庆葡萄博览园内，规划为“一线两区四主题十六主景”的百合园，采用了200多个百合新品种和150万粒百合种球建成（图7-15至图7-18）。

图7-15　百合文化节1

图7-16　百合文化节2

图7-17　百合文化节3

图7-18　百合文化节4

1. 节日花海设计原则

（1）品种选择　节日花海和专类园相比，种植面积大，使用的品种多，花期集中，形成花海景观，一般观赏期1个月左右。选择生长期80 ～ 100d的品种，花色丰富，类型多样，能达到景观和一个月花展时间要求。

（2）种植时间　根据花卉文化节时间确定种植时间，例如北京世界葡萄大会举办时间是2014年7月28日至8月8日，种植时间5月29日，初花时间7月15日，终花时间8月5日。夏天三伏开花，气温高花期缩短，生长期也变短，种植时间还可以再推迟5 ～ 10d。种植时间和季节与气温变化紧密相关，一定结合当地气象特点确定种植时间，生长期长的品种先种，生长期短的品种后种。

（3）地形选择和改造　大面积花海，一定要选地形起伏的地块，坡地种百合，道路和排水安排在坡下低洼处，保证雨季百合也能健康生长。

2. 节日花海设计要点

（1）功能分区　一般花卉文化节要满足游客的观赏、婚纱摄影、娱乐及休闲需求，可分为观赏区、婚纱摄影区、娱乐及休闲区等，利用百合花组成的花带、花团、花墙等构成丰富多彩的百合主题景观，让游客犹如置身在花的世界中，体验芬芳、浪漫、放松的氛围。设计时可通过地形改造或利用园内已有山丘或堆石形成全园的制高点，达到鸟瞰全园景观的目的。婚纱摄影区，以“百年好合”为寓意的百合花与荷兰风情建筑结合，寓情于景，创造情侣见证爱情的场地。娱乐及休闲区，也可结合建筑亭台、回廊、坐椅和售货亭等休息设施，举办花展、音乐节、美食节、烧烤等娱乐及休闲活动。

运用园路、建筑等将园内不同分区的景观连接起来，使整个景观形成一个整体。园路设计上，应使其分布有远有近，使人们能近观百合神态、花色、花形、花姿，嗅其香味，而远视则给人开阔的视野，画面感更强。

（2）百合种植形式　开阔地宜采用花带、花团、花群、大色带、大色块打造花海，建筑周围用花境、方格色块，条形色块和百合盆栽形式布置，要充分考虑到游人的视角，让他们在休息时眼前有百合景观可赏；百合株型较高，不适合做花坛，特别是有精细图案的模纹花坛（图7-19）。

图7-19　百合花团

（3）百合与草坪配置　百合株型较高，种植时不能离道路太近，可在道路边缘种植一定宽度的草坪带，使百合离游人视线合理，达到最佳效果。草坪打底色，百合种到上面，既可减少百合种植数量，又能在色彩上形成对比，增加百合美色，是最好的搭配（图7-20）。

图7-20　百合与草坪配置

（4）香味选择　庭院百合品种很多，有香味的百合类型只有东方百合、OT百合和麝香百合，北方地区种植这些类型，不能安全越冬，要选择相对耐寒的东方百合和OT百合，少量种植，或采用盆栽临时补充香味品种（图7-21）。

图7-21　香气浓郁的麝香百合

三、花境

花境是模拟自然界中林地边缘地带多种野生花卉交错生长的状态，运用艺术手法设计的一种花卉应用形式。花境源自欧洲园林，是园林中从规则式构图到自然式构图的一种过渡的半自然式的带状种植形式。植物组合成斑驳状，它既表现了植物个体的自然美，又展示了植物的群落美。一次种植后可多年使用，四季有景。花境不仅增加了园林景观，还有分隔空间和组织游览路线的作用。

1. 花境的类型

（1）庭院百合花境　是指由庭院百合不同类型或同一类型不同品种百合为主要种植材料的组成花境。做百合花境用的品种要求花期、株形、花色等有较丰富的变化，从而体现花境的特点（图7-22）。

图7-22　庭院百合花境

（2）与其他球根花卉组成花境　如百合与郁金香、水仙、石蒜、大丽花、美人蕉、唐菖蒲等球根花卉组成的花境（图7-23）。

（3）与宿根花卉组成花境　花境由百合和可露地越冬的宿根花卉如芍药、萱草、鸢尾、玉簪、蜀葵、荷包牡丹、耧斗菜等组成（图7-24）。

图7-23　百合与球根花卉组成花境

图7-24　百合与宿根花卉组成花境

（4）与灌木组成花境　花境内除百合外还要种植观花、观叶或观果及体量较小的灌木，如迎春、紫叶小檗、榆叶梅、紫微、多花栒子、红叶槭、杜鹃、石楠等组成。

（5）混合式花境　花境种植材料以百合和耐寒的宿根花卉为主，配置少量的花灌木或观赏草等。这种花境季相分明，色彩丰富，多见应用（图7-25）。

图7-25　混合式花境

从设计形式上分，花境主要有三类：

（1）单面观赏花境　这是传统的花境形式，多临近道路设置。花境常以建筑物、矮墙、树丛、绿篱等为背景，前面为低矮的边缘植物，整体上前低后高，供一面观赏（图7-26）。

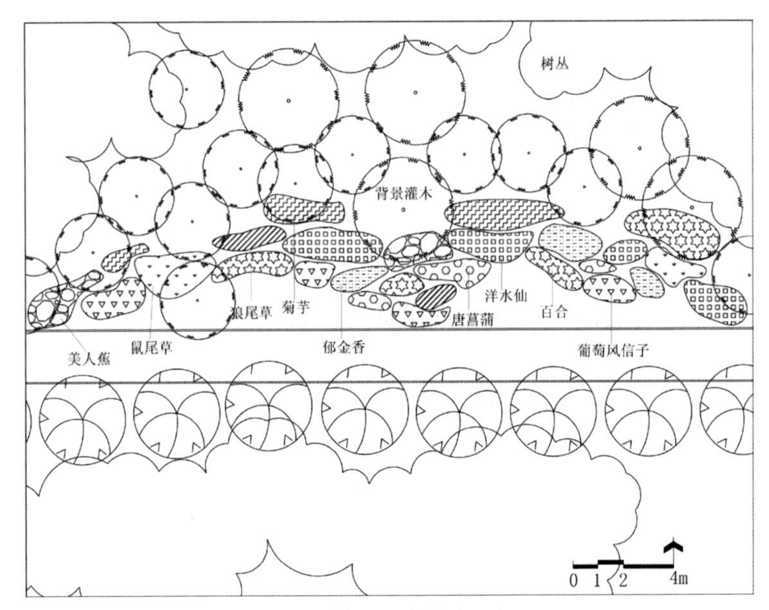

图7-26　单面观赏花境示意图

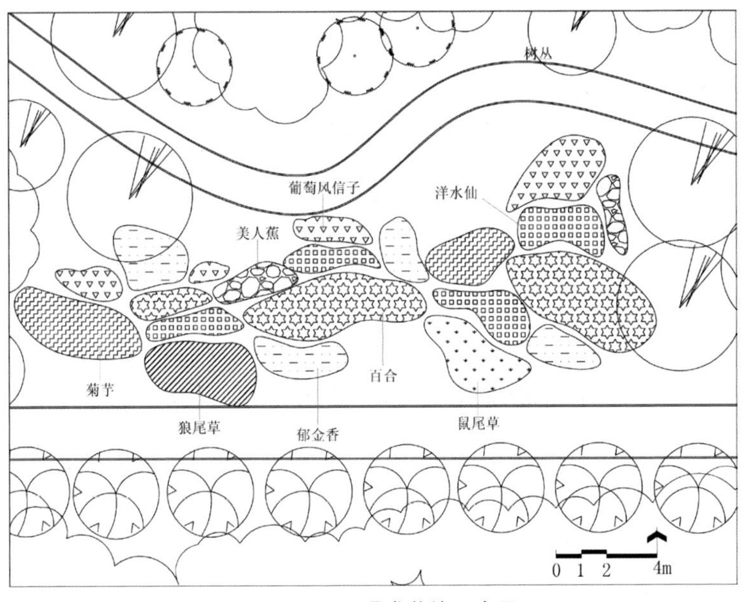

图7-27　双面观赏花境示意图

（2）双面观赏花境　这种花境没有背景，多设置在草坪上或树丛间及道路中央，植物种植是中间高两侧低，供双面观赏（图7-27）。

（3）对应式花境　在园路的两侧，草坪中央或建筑物周围设置相对应的两个花境，这两个花境呈左右二列式。在设计上统一考虑，作为一组景观，多采用拟对称的手法，以求有节奏和变化（图7-28）。

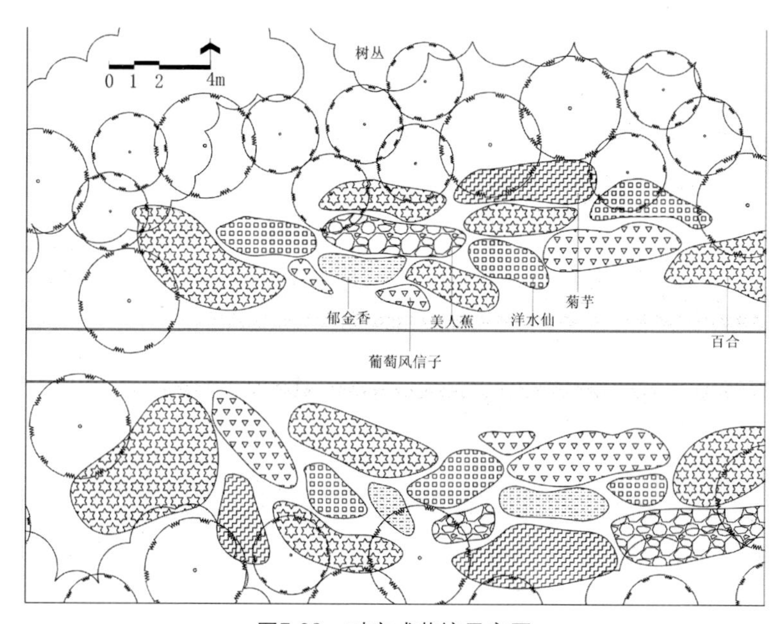

图7-28　对应式花境示意图

2. 花境设计

花境是一种带状布置形式，适合周边设置。花境可设置在公园、风景区、街心绿地、庭院及林荫路旁。能创造出较大的空间或充分利用园林绿地中的带状地段，创造出优美的景观效果。花境是一种半自然式的种植形式，所以极适合用在园林中建筑、道路、绿篱等人工构筑物与自然环境之间，起到由人工到自然的过渡作用，活化单调的绿篱、绿墙及大面积草坪景观，起到美化装饰效果。

花境在设计形式上是沿着长轴方向演进的带状连续构图，带状两边是平行或近于平行的直线或是曲线。其基本构图单位是一组花丛。每组花丛通常由5~10种花卉组成，一种花卉集中栽植。平面上看是多种花卉的块状混植；立面上看高低错落，状如林缘野生花卉交错生长的自然景观。

花境设计包括种植床设计、背景设计、边缘设计及种植设计。

（1）种植床设计　花境的种植床是带状的。一般来说单面观赏花境的前边缘线为直线或曲线，后边缘线多采用直线。双面观赏花境的边缘线基本平行，可以是直线，也可以是曲线，对应式花境要求长轴沿南北方向延伸，这样对应的两个花境光照均匀，生长势相近，达到均衡的观赏效果。为了方便管理和增加花境的节奏和韵律感，可以把过长的植床分为几段，每段长度不超过20m，段与段之间可留1 ~ 3m的间歇地段，设置雕塑或座椅及其他园林小品。花境的宽度一般为：单面观球宿根花境2 ~ 3m，单面观混和花境4 ~ 5m，双面观花境4 ~ 6m。较宽的单面观花境的种植床与背景之间可留出70 ~ 80cm的小路，便于管理，利于通风，同时可使花境植物不受背景植物的干扰。种植床依环境土壤条件及装饰要求可设计成平床或高床，有2% ~ 4%的坡度。

（2）背景设计　单面观赏花境需要背景。背景是花境的组成部分之一，按设计需要，可与花境有一定距离也可不留距离。花境的背景依设置场所的不同而不同，理想的背景是绿色的树墙或高篱。建筑物的墙基及各种栅栏也可作背景，以绿色或白色为宜。如果背景的颜色或质地不理想，也可在背景前选种高大的绿色观叶植物或攀援植物，形成绿色屏障，再设置花境。

（3）边缘设计　花境的边缘不仅确定了花境的种植范围，也便于前面的草坪修剪和园路清扫工作。高床边缘可用自然的石块、砖块、碎瓦、木条等垒砌而成。平床多用低矮植物镶边，以15 ~ 20cm高为宜。若花境前面为园路，边缘用草坪带镶边，宽度至少30cm以上。花境边缘与草坪或环境分界处应填充金属或塑料条板，阻隔根系，防止草坪侵蔓花境边缘植物的生长空间或花境边缘植物侵蔓路面。

（4）种植设计　种植设计是花境设计的关键。全面了解庭院百合的生态习性并正确选择适宜的配置植物材料是种植设计成功的根本保证。选择植物应注意以下几个方面：以在当地露地越冬、不需要特殊管理的球宿根花卉为主，兼顾一些小灌木及一、二年生花卉；花卉有较长的花期，且花期能分散于各个季节，花序有差异，花色丰富多彩；有较高的观赏价值，如花、叶兼美、观叶植物、芳香植物等。

每种植物都有其独特的外型、质地和颜色，利用植物的株形、株高、花序及质地等观赏特性可创造出花境高低错落、层次分明的立面景观。

季相变化是花境的特征之一，利用花期、花色、叶色及各季节所具有的代表植物可创造季相景观。北方地区考虑到冬季的观赏效果，经常配置一些低矮的常绿灌木。如大叶黄杨、铺地柏、凤尾兰等。

色彩的应用最易掌握并比较可靠的方法是选择一个主色调，然后在这一主色调的基础上进行一系列的变化，并用中性色调的背景作衬托。在小型花境中，这种安排效果最佳，也可将此法应用于大型花境，使其景致新颖而巧妙。当需采用多种色调搭配时，最好选用黄色色调或蓝色色调为基调。虽然花色的变化几乎是无穷无尽的，但自然界中这两种花卉的颜色最为纯正（图7-29）。

图7-29　黄色基调百合花境

四、花丛与花群

花丛是指将几株或十几株同种或几种花卉组合成丛进行栽植的花卉应用形式。花丛可展现植物优美的株形、开花时绚丽的色彩及美丽的叶形、叶色等。由于花丛大小、组合自然随意，形式灵活多变，因此广泛应用于建筑物、墙基、栅栏等的基础栽植，能起到软化构筑物线条、丰富环境色彩、增添生气等作用。在路旁、林下、水畔、草地、建筑小品周围等也广泛应用花丛来进行美化和装饰。因此花丛是自然式花卉配置最基本的单位，也是花卉应用最广泛的形式。

庭院百合抗性强、茎秆直立、不易倒伏、管理粗放，适合做花丛。百合花丛的设计，要遵循自然随意的原则，模仿花卉自然生长的状态。在体量和色彩上应与周围环境相协调。如果是为山石做装饰，则在色彩上应选择明快艳丽的百合，与装饰主体有较强的对比度。在高大的建筑物周围应配植株形高大的百合，而在矮墙或路边应配植株形低矮的百合（图7-30）。

图7-30　百合花丛

花丛株数扩大连成片即成花群。是节日百合花展多应用的形式，多属于季节性观赏，以展现百合群体色彩美为主。沿路布置的也称为花径，沿墙基、栅栏布置的也称为花缘，同时街头绿地及公园中也广泛应用（图7-31）。

图7-31　百合花群

五、插花艺术

插花艺术是表现植物自然美的造型艺术。运用艺术构图原理，经过构思、设计、剪裁，将花枝、叶片或其他装饰材料插入适当的器皿中或其他固定材料中，创造一种艺术品，称作插花。

百合花大、色艳、有香味、寓意好，是制作插花作品的好材料，装饰性强和观赏效果好，受到广大群众的喜爱，如居室装饰、馈赠亲友、婚丧嫁娶用百合花已成为当前的时尚。另外，国家的重要会议，接待外宾、欢迎贵客，在礼仪场所也普遍用百合插花来烘托气氛，传达感情。常见插花形式：

1. 花插或瓶花

通常用花插和花瓶为容器所作的插花。制作方便，装饰性强，以百合鲜花作为主要素材，配上叶材，使作品表现出绚丽的色彩和优美花姿，又有绿叶陪衬，无论是居家客厅，还是办公室、会场，其装饰和烘托效果极为显著。多数四面均可欣赏，也有供一侧欣赏的，宜置于茶几桌案上，瓶高大者也可就地放置（图7-32，图7-33）。

2. 花束

花束是日常生活中的礼节性用品。凡迎送宾客、探亲访友、慰问及婚礼等都可用。百合花有百年好合、白头偕老、纯洁忠贞的寓意，因此新

图7-32　瓶　花

图7-33　百合花插

娘的捧花花束就少不了百合花。要制作出一束美观大方的新娘捧花却也要巧具匠心，妥善处理。在扎制花束时为保持其优美的姿态并防止变形，必须在其中、下部进行绑扎，绑扎的部位正好是手握的部位，粗细要合适，以一手握住为宜，同时要掌握花束的份量，不能太重，长度不超过40 ~ 50cm。通常新娘的捧花有圆球形、圆锥形和瀑布形等。为了尽量维持花朵的新鲜，绑扎前先充分浸水，再包上蜡纸保湿防潮。外表裹锡纸或金箔，再用大张玻璃纸或丝绵纸包裹起来，形成圆球形、扁圆锥形等造型，其上还饰以彩带和蝴蝶结等物。瀑布形的捧花，最好用文竹或天门冬作配叶，茉莉、白兰等花朵以细线串联，缠绕于花束中并向下垂吊。扎制花束勿选用有勾刺、异味的花卉种类，百合的花药要提前摘掉以防污染衣服（图7-34，图7-35）。

图7-34　百合花束

图7-35　瀑布式花束

3. 花篮

用柳条、藤条或竹篾等编制成椭圆形、圆形或长方形篮子，篮子的提把要比篮体大好多倍，篮子的高度30 ~ 100cm。在这种篮子里插上大量鲜花和配叶就做成了花篮，百合花一般插在篮子的中心，作为花篮的焦点花。大型花篮主要作为喜庆祝贺的礼品，如用于开张典礼、舞台祝贺等，也有用于表示怀念之意的。小型篮子也可插成艺术花篮，篮柄上扎成蝴蝶结，以庆贺生日、走亲访友、探望病人用（图7-36）。

为维持所插花卉的新鲜，篮底铺上塑料布，再放1 ~ 2块吸过水的花泥，并用细铁丝固定在篮底，一切准备好后，先插填衬的观叶材料，然后插入后排花

图7-36　百合花篮

卉，最后在焦点上插百合花和绿叶及彩带等。花篮要求表现艳丽热闹的气氛，花朵茂盛、姿态丰满。

4. 婚礼花车

婚礼花车是近年来我国民间迎接新娘时汽车的花卉装饰形式，简称“婚车”“花车”（图7-37）。婚车的花卉装饰主要包括以下五部分：

图7-37　百合花车

（1）车头花饰　指对前车盖的花卉装饰。车头是婚车的主要装饰部位，也是婚车的观赏重点。百合主要用在车头花饰上，造型多为规则式图案。车头花卉装饰须注意以不遮挡驾驶员的视线为原则，因此，在驾驶员前方视线的位置不设饰花，或者紧贴车盖设置，总体高度不超过30cm为宜。

（2）车顶花饰　由于车顶的风力较大，车顶花饰容易变形，固定及保持

均有一定难度。因此，车顶花饰须严格控制高度，不宜超过20cm。多见有瀑布形造型及斜线造型。

（3）车尾花饰　车尾花饰是指对后车盖的花卉装饰，形式应与车头花饰相呼应，总体上车尾花饰体量应小于车头花饰。所用花材应有百合与车头花饰相同或部分相同，取得前后和谐统一的效果。

（4）车门花饰　车门花饰具有画龙点睛之效果，不可忽视。一般用1～2朵月季或非洲菊、香石竹等花材，配以少许配叶，扎成微型花束，再将其用胶带固定在车门的把手上。

（5）车缘花饰　指对婚车的车顶边缘的点状花卉装饰。点状花饰沿着车顶两边向前延伸至车头，向后延伸至车尾，并用天门冬或肾蕨、蓬莱松配叶少许构成线条相连接，形成连续闭合的线状装饰。点状花饰多用一朵月季或香石竹和满天星少许，利用胶带或小吸盘将其按照相同的间隔固定于车体边缘。须注意，花材与叶材忌混用，宜保持整体的协调统一性。

六、现代花艺

利用各种切花花材和其他装饰性材料，进行艺术造型的创作活动。是一门时尚感极强的艺术。

现代花艺与插花的主要区别表现在以下几方面，插花以植物材料为主，而花艺用材广泛，除了植物材料之外，还可使用许多非植物性的装饰材料，如金属、塑料、玻璃、棉麻、丝绸等；插花是将花材插入能盛水的容器之内，而花艺可不用花器，将花材吊挂在壁面或直接插制在台面、架构上等；插花以剪、插为主要操作技法，而花艺的操作技法丰富多样，如编织、粘贴、捆绑、串连、阶梯、群聚、重组等。

现代花艺强调创作理念和处理技巧的创新，只将花材作为造型原材料，不必顾忌其原有形态，经过重叠、编织、捆绑、粘贴等技巧处理后形成新的素材，再运用于作品创作中。作品造型完全脱离自然物象，将自然花材看成或制成点、线、面、块的造型元素，按照一定规则构成作品，表达感情和精神内涵，能够产生使人心灵震撼的效果。所以花艺作品更具新奇感和强烈的时代特色，体现了作者独特的思想和审美观。

现代花艺设计技巧简介：

（1）分解　即改变植物的自然形态，将花材解体后再利用。常见将花朵分离成花瓣、花蕊，或将叶脉与叶片分离的实例。

（2）重组　即将分解后的花、叶、果、枝以另一种形态重新组合（图7-38，图7-39）。

图7-38　百合花瓣构成的天鹅

图7-39　百合花瓣构成画框

图7-40　百合组群花艺

图7-41　百合铺垫花艺

（3）组群与群聚　组群就是将同种类同色系的花材分组插置，各组花材不拘高低，组与组之间留有一定的空间，形成一种有组织有规律的布局；群聚是将相同的花材紧密而集中地插在一处，使同一类花材形成一个整体，且花材之间不留空间，给人以团块状感觉（图7-40）。

（4）铺垫　将花材剪短后一支紧靠一支地插在作品的底部，有如地面铺装，对底部加以掩盖和修饰（图7-41）。

（5）构架　首先，利用具有一定支撑力的枝条、藤条或非植物性材料制作成各种形状的支撑架，然后再将花材按照一定的艺术构思插置其上，观赏构架与花材的整体美（图7-42）。

图7-42　百合构架花艺

主要参考文献

安利清，杨凯，张克，等．2011. 百合查尔酮合成酶基因的克隆与分析［J］．西北植物学报，31(3) : 492- 498．

陈俊愉，等．1990. 中国花经［M］．上海：上海文化出版社．

程金水 . 2006. 园林植物遗传育种学［M］.北京：中国林业出版社，309-318.

储俊，许娜，张强，等．2011. 农杆菌介导的药百合鳞片遗传转化体系的建立［J］．草业学报，20(6) : 164- 169．

冯丽媛，何祥凤，王文和，等 . 2015. 利用SRAP分子标记技术对混合授粉后的百合F_1代父本鉴定［J］. 沈阳农业大学学报，46(2)：230-233.

谷丽佳，王文和，王树栋，等．2012. 同工酶分析法鉴定百合杂种F_1代［J］.中国农学通报，28(1):148-152.

黄济民 . 1990. 玫红百合为亲本育成百合种间杂种［J］.园艺学报，17（2）：153-156.

焦雪辉，吴锦娣，刁一维.2010. 亚洲百合杂交亲和性研究［J］.分子植物育种，8(5): 933-938.

李捷，高亦珂，张启翔 . 2013. 有斑百合和亚洲百合杂交亲和性的研究［J］. 中国农业大学学报，18(2): 71-78.

李守丽，石雷．2006. 百合育种研究进展［J］．园艺学报，33（1）：203-210．

李琬玥，冯丽媛，窦雅君，等 . 2015. 百合不同杂交组合杂种胚的抢救［J］. 现代园林，12(4):304-309.

李小英，王文和，赵剑颖，等 . 2011. 百合‘白天使’与山丹远缘杂交胚胎发育的细胞学研究［J］. 园艺学报，37(2):256-262.

刘朝阳，王树栋，赵祥云，等 . 2014. 延庆县球根花卉资源圃建设与引种试验初报［J］.现代园林，11(8):34-38.

刘朝阳，赵祥云，王文和，等 . 2014. 庭院百合的多样性及其应用［J］.现代园林，11(8):100-103.

刘选明，周朴华，何立珍，等．1996. 应用细胞工程技术选育四倍体龙牙百合的研究［J］．生物工程学报（12）：193-303．

龙雅宜，张金政，张兰年 . 1999. 百合——球根花卉之王.[M]北京：金盾出版社．

陆春霞，韦鹏霄，岑秀芬，等.2009. 百合多倍体的研究进展［J］. 广西农业科学，40（1）：76-80.

吕佩珂，苏惠兰，段半锁，等.2001.中国花卉病虫原色图鉴［M］.北京：蓝天出版社.

罗凤霞，年玉欣，孙晓梅，等. 2005. 4种授粉方法对切花百合不同杂交组合结籽量的影响［J］. 园艺学报，32（4）：729-731.

罗建让，张延龙，张林华. 2007. 克服百合自交及杂交障碍方法的初步研究［J］.西北农业学报，16(4):260-263.

邵增龙，高山林，黄和平，等. 2010. 百合的脱病毒、快速繁殖技术的研究［J］. 药物生物技术，17(3) : 240- 243.

孙宇明，冯丽媛，李琬玥，等. 2015. SRAP分子标记鉴定百合杂交后代［J］.上海交通大学学报（农业科学版），33（1）：53-58.

唐东芹，钱虹妹，黄丹枫，等. 2003. 百合基因转化直接分化受体系统的建立［J］. 江苏农业科学 (3) : 18- 25.

王爱菊，唐金富，赵祥云，等. 2008. 百合*LiLFY1*基因的克隆和表达分析［J］. 中国农业科学, 41(9):2755-2761.

王爱菊，张凤美，鹿金颖，等. 2006. 农杆菌介导的百合遗传转化体系的建立［J］. 园艺学报，33 (3) : 664-666.

王爱勤，周歧伟，何龙飞，等. 1998. 百合试管结鳞茎的研究［J］. 广西农业大学学报, 17(1) : 71-75.

王进忠，王彦. 2005. 商陆抗病毒蛋白基因在麝香百合中的转化和表达［J］. 华北农学报, 20(6) : 77- 79.

王永江，张振臣，张丽芳，等. 2004. 百合组培快繁技术研究［J］. 河南农业科学(5) : 55 -58.

夏婷，耿兴敏，罗凤霞. 2013. 不同花色野生百合色素成分分析［J］. 东北林业大学学报, 40（5）：108-112，165.

向仕华, 郑思乡.2006. 东方百合二、四倍体杂交及细胞学研究初报［J］. 云南农业大学学报,21(4): 440-443.

徐雷锋，冯慧颖，梁云，等. 2011. 百合抗病虫基因工程研究进展［J］. 中国球根花卉研究进展 (3) : 19- 23.

徐榕雪，明军，穆鼎，等. 2007. 百合三种病毒的多重R - PC R检测［J］. 园艺学报, 34(2) : 443- 448.

尹丽荣，谢丙炎，肖启明，等. 2005. 百合转基因研究进展［J］. 生物技术通报 (5) : 16- 19.

张克中，赵祥云，陆长旬，等. 2003. 辐射百合雄性不育突变体的RAPD 分析［J］.林业科学研究，16(3):372-375.

张兴翠，周昌华，殷家明，等. 2003. 药用百合的多倍体诱导及快速繁殖［J］. 西南农业大学学报，25（1）：14-17.

张秀辉，胡增辉，冷平生，等. 2013. 不同品种百合花挥发性成分定性与定量分析［J］. 中国农业科学，46(4):790-799.

赵西宁，王文和，王树栋，等. 2011. 不同授粉方法对百合不同杂交组合结实的影响［J］. 北京农学院学报，26(2), 35-40.

赵祥云，陈新露，王树栋，等. 1999. 秦巴山区野生百合资源研究初报［J］. 西北农业大学学报，18（4）：80-84.

赵祥云，程廉，邢美云，等. 1993. 百合珠芽组培及脱毒研究［J］. 园艺学报，20（3）：284-288.

赵祥云，等. 1996. 花卉学［M］. 北京：中国建筑工业出版社.

赵祥云，王树栋，陈新露，等. 1999. 百合［M］. 北京：中国农业出版社.

赵祥云，王树栋. 2000. 鲜切花百合生产原理及实用技术［M］. 北京：中国林业出版社.

赵祥云，王文和. 2008. 百合品种退化原因及国产种球繁殖与复壮技术［J］. 中国花卉园艺（6）：14-17.

赵兴华，苏胜举，王洪波，等. 2011. 不同百合品种间杂交亲和性研究［J］. 中国农学通报，27(25): 103-107.

郑思乡，章海龙，董志渊，等. 2004. 东方百合多倍体诱导及种球繁育的研究［J］. 西南农业大学学报，26（3）：260-263.

中国科学院中国植物志编委会. 1980. 中国植物志：第十四卷［M］. 北京：科学出版社.

Wang C, Wang W H, Zhao X Y , et al. 2013. The virus elimination techniques of lily［J］. Medicinal Plant，4(6):12-16.

Zhao Y P, Wang W H, Li X Y, Zhao X Y. 2012. Study on interspecific compatibility of different combinations inner (inter) Lily Hybrids［J］. Middle-East Journal of Scientific Research，11(5):567-574.

Zhao Y P, Wang W H, Liu G S, et al. 2012. Development of polymorphic simple sequence repeat markers in Lilium regale by Magnesphere method［C］// International Conference on Germplasm of Ornamentals，327-333.